戦艦「大和」艦上の連合艦隊司令部職員。前列右から5人目が山本五十六

幕僚たちと作戦検討中の山本五十六

連合艦隊司令官
当時の米内光政

戦後、英語塾をして
いたころの井上成美

NF文庫
ノンフィクション

新装版

海軍良識派の研究

工藤美知尋

潮書房光人新社

本書は、海軍における良識派とはどのような存在だったのかを解説しています。日本海軍のリーダー、海軍省の左派トリオと呼ばれた米内光政、山本五十六、井上成美らは、国際情勢を的確に判断し、海軍の利益にとらわれず、日本の国益を考えて行動しようとしました。

その三人をはじめとする良識派の海軍将兵の系譜をたどるとともに、どのような軍人たちだったのか詳しく説明しています。

海軍良識派の研究——目次

25 海軍良識派の知将・高木惣吉 371

海軍良識派の研究

序章

昭和十六年（一九四一）太平洋戦争開戦年時における日本海軍の首脳は、海軍大臣及川古志郎、十月より嶋田繁太郎、軍令部総長伏見宮博恭王、四月より永野修身の陣容だった。この四名は、いずれも軍令部系の出身者だった。

すなわち及川は、大正十三年～十五年に軍令部第一班第一課長、さらに昭和五年～七年に軍令部第一班長、つぎに嶋田は、大正九年～十一年に軍令部第一班第一課員、さらに昭和七年～十二年に軍令部第一班第三班長、第一班長、軍令部第一部長、軍令部次長、伏見宮は、昭和七年～十六年四月に軍令部総長、永野は、大正十三年に軍令部第三班長、さらに昭和五年～六年に軍令部次長、をそれぞれ歴任していた。

日本海軍は伝統的に、軍令部に対して海軍省が絶対的優位を誇っていた。ところが、太平洋戦争開戦年時の省部の首脳に一人も海軍省系出身者がいなかったという事実は、いつの間にか海軍省優位の伝統が崩れ、軍令部優位の逆転現象が起こっていたことを物語っている。

昭和十六年、ロンドン海軍軍縮条約締結のため奔走した山梨勝之進や堀悌吉は、すでに現役から抹消されていた。両人とも順調に行けば、当然、日本海軍を指導すべき地位にいるはずの最優秀の海軍軍人だった。

昭和九年十二月、第二次ロンドン会議予備交渉のため英国に滞在していた山本五十六は、海軍随一の頭脳として評判の高かった親友の堀悌吉が予備役に編入されたことを聞くに及び、「海軍の前途は真に寒心の至りなり。かくの如き人事が行なはるる今日の海軍に対し、これが救済のため努力するも、到底難しと思はる。やはり山梨さんが言はれる如く、海軍自体の慢心に斃るるの悲境に一旦陥りたる後、立て直すの外なきにあらずやを思はしむ」と嘆いた。山本をして全くの悲観に陥れたこの時の日本海軍の支配者は、大角岑生（おおすみみねお）だった。しからばここでわれわれは、大角時代の日本海軍の実態に注目し、「海軍自体の慢心」とは何かについて、解明してみなければならない。

大角岑生は、昭和六年十二月から、途中岡田啓介海相時代（昭和七年〜八年一月）を挟んで、昭和十一年三月まで、約二年九ヵ月もの長期にわたって海相の椅子にあった。その期間中、海軍内では、三つの重要な出来事があった。

その第一は、昭和八年四月に行なわれた戦時大本営編制・同勤務令、および同年十月の新軍令部条例・新省部互渉規定の改定が行なわれたことであった。

第二は、いわゆる「大角人事」が行なわれ、ロンドン海軍軍縮条約成立において尽力した「条約派」(良識派)と言われた有能な海軍将官が続々と予備役に編入されたことである。

そして第三に、昭和十一年(一九三六)一月、日本が第二次ロンドン会議から脱退したことであった。

それではここで、右の三つの事件がその後の日本海軍にあたえた影響について、考えてみたい。

日露戦争直前の明治三十七年(一九〇四)二月、戦時大本営編制の改正および同勤務令の制定が行なわれた。

この戦時大本営の編制は、大本営陸軍幕僚(参謀部、副官部)、大本営陸軍諸機関(兵站総監部、大本営陸軍管理部)、その他陸軍から大本営にあるもの(陸軍大臣)、大本営海軍幕僚(参謀部、副官部)、その他海軍から大本営にあるもの(海軍大臣、海軍軍事総監部）からなっていた。

この場合、陸軍幕僚は参謀本部から抽出された必要最小限の人員であり、陸軍諸機関の大部分は、参謀次長の兼務する兵站総監の下にある軍令機関であったのに対し、海軍幕僚は軍令部から抽出され、海軍諸機関は、海軍大臣の軍政に関する事務処理のために置かれたものであった。

また海軍軍事総監部には、海軍軍事部、人事部、医務部、経理部が隷属し、軍事総監は、「海軍大臣の命を受け服務し、また軍令部長の区処を受け、軍事計画の諮問に応ずるものとす」と定められており、これらの諸機関は海軍省の職員によって構成されていた。

このように海軍では、海軍省が海軍軍令部よりもはるかに地位も権限も大きく、絶対的優位にあった。

さて、昭和七年二月、伏見宮が海軍軍令部長に就任した。この時、在任わずか四ヵ月の百武源吾に代わって次長に就任した加藤寛治直系の高橋三吉は、軍令部第二課長時代に果たしえなかった軍令部の権限拡大を再び目論（もくろ）んだ。

高橋は、昭和七年から八年十一月までの次長時代、(1)大本営関係規定、(2)軍令部編制、⑶軍令部条例、⑷省部互渉規定、の改正を実現させた。

それではつぎに、この四つの項目に関する改定の経緯について、述べてみたい。

高橋は軍令部の権限強化を最終目標として、その前提としてまず大本営編制と同勤務令を改定しようとした。

この改定案の主要点は、従来、海軍大臣の下にあった「海軍軍事総監部」以下の軍政諸機関を廃止し、「海軍戦備考査部」の一機関を新設して、ここに大臣以下の海軍省首脳を包括し、これを軍令部長の下に置く軍令機関とするところにあった。

さらに軍令部の権限拡大をはかる狙いから、「大本営海軍報道部」を新設して、報道宣伝を実質的に軍令部の担当にしようとした。

これに対して海軍省側（担当者、軍務局第一課長沢本頼雄、後任井上成美）は、海軍大臣の権限縮小に対して強硬に反対したが、結局、昭和八年四月、改定発布を見ることになった。

高橋次長は、大本営関係規定の改定につづいて、昭和七年六月ころから軍令部編制の強化改定に着手した。

組織改定における主な事項は、戦争指導を担当する第一班直属、海外情報を総合する元締めとなる第三班直属、それに海軍省の電信課をふくむ軍令部第九課の新設であった。

この改定案がそのまま実現されたとすれば、軍令部の定員数は一挙に五割も増加することとなり、軍令部は戦時のみならず平時においてもその権限を拡大維持できることになるはずだった。

このため海軍省側は、各局長、課長とも皆これに反対した。しかし当時、海軍軍令部内の編制、各課の任務および定員は、定員増加を除いて、軍令部長独自の発令で行なわれることになっていた。

昭和七年十月、軍令部長の権限で軍令部編制の改定が強行された。しかるに定員の増加は海軍大臣の認めるところとならず、後日、軍令部条例、省部互渉規定が改定されるまで、既存の定員を広く新設組織に割り振る形で据え置かれることになった。

昭和八年三月、軍令部側より、軍令部が最終目標にしていた軍令部条例と省部互渉規定の改正案が提示された。この改正案の主要な点は、つぎの三点に集約された。

その第一は、陸軍の名称に倣(なら)って、海軍軍令部を「軍令部」に、海軍軍令部長を「軍令部総長」に変更するというものだった。

その第二は、軍令部条例で、海軍軍令部長は、「国防用兵に関することを参画し、親裁の後これを海軍大臣に移す。但し戦時にありて大本営を置かざる場合においては、海軍軍令部長これを伝宣す」とあるのを、総長は「国防用兵の計画を掌り、用兵のことを伝宣す」と改め、用兵、作戦行動の大命伝達はつねに総長の任とするとしたことだった。

第三は、当時、軍令部条例第六条掲記の海軍軍令部参謀の分掌事項をすべて削除し、海軍軍令部担当事項は、さらに下位の規定である「省部互渉規定」とか、「事務分課規定」とか、「服務規程」に具体的に出すことにしたことである。

これに対して海軍省側は、伝統に輝く名称を変更する必要はない。総長の「用兵の事を伝達」については、用兵の定義が不明瞭で拡大解釈できる。また参謀の分掌事項は、海軍軍令部の所掌を定めたものであり、これを削除すると軍令部が何にでも干渉する可能性があるとして反対した。

当時、海軍省には、海軍大臣は憲法上に明確な責任を持つ国務大臣であるのに対して、海軍軍令部長は大臣の部下でもなく、また憲法上の機関でもなく、このため憲法上の責任を取ることもない。このような監督権の及ばない軍令部長に大きな権限をあたえるのは、憲法政治の原則に反して危険であるという考え方が基本的に存在していた。

海軍軍令部の省部互渉改定案は、それまで海軍省の権限と責任に属していた事項の相当程度のものを軍令部の権限内に移そうとするものだった。

その第一は兵力量、第二は人事行政、第三は警備船の派遣、その他教育、特命検閲などについて、その主務を軍令部側に変更するというものだった。

この軍令部改定案をめぐる省部の商議は、とくに海軍省側担当者である井上成美軍務局第一課長の頑強な抵抗にあって難航したが、海相・部長会談の結果、七月十七日に至って大角海相は、海軍省主務者不同意のまま、この改定案に基本的に同意した。

その後、法文化作業が行なわれ、天皇の裁可を経て、昭和八年十月一日、新軍令部条例と新省部互渉規定は制定発布された。

つぎに大角海相時代の第二の事件の「大角人事」について考察してみたい。

ロンドン海軍軍縮条約をめぐる「条約派」と「艦隊派」の抗争は、正邪の判定を行なわずして喧嘩両成敗的に処置された。

昭和初期の日本にあっては、かかる場合、若い将校たちに人気が出るのは強硬派の方であり、大局上から国際協調をはかろうとする者は文弱者として退けられるのが常だった。

昭和八年一月、大角が海相に就任すると、彼は伏見宮軍令部総長や東郷元帥の意向に迎合して、谷口尚真、山梨勝之進、左近司政三、寺島健、堀悌吉、坂野常吉ら日本海軍の頭脳と言われた条約派（良識派）の将官を続々と予備役に放逐したのだった。

山本五十六は海軍評論家の伊藤正徳に向かって、「堀を失ったのと、大巡の一割とどちらかな。ともかくあれは海軍の大馬鹿人事だ」と憤慨した。

さてワシントン、ロンドン両海軍条約の有効期限は、いずれも昭和十一年（一九三六）十二月末と定められていた。そこで昭和十年中に新条約を作成するための会議が持たれることになっていた。

ところがロンドン海軍条約締結の昭和五年とそれ以後とでは、日本を取り巻く内外の状況が一変した。

日本国内では、ロンドン海軍軍縮条約をめぐって引き起こされた統帥権干犯問題は、昭和五年十一月の浜口首相狙撃事件を暴発させ、つづいて昭和六年三月の三月事件、同年十月の十月事件、昭和七年二月と三月に起こった血盟団事件、同年五月に起こった五・一五事件と、つぎつぎにテロやクーデター事件を誘発して行った。

一方、国外では、昭和六年九月に満州事変が勃発し、それ以後、日本はしだいに国際的孤立を深め、ついに昭和八年三月に国際連盟を脱退する羽目になった。

ヨーロッパ情勢もしだいに険悪化し、昭和八年一月にドイツではヒトラーの率いるナチス党が政権を握り、十月に連盟を脱退し、つづいて昭和十年三月にベルサイユ条約を破棄して再軍備を強行した。

ところで先の「大角人事」で、国際的視野に長けた有能な将官を多数失った日本海軍は、しだいにその考えにバランスを失うようになり、独善的危機意識を抱くようになった。そしていたずらに対米パリティ（均勢）要求を強く主張するようになった。日本の第二次ロンドン会議に臨む日本海軍の方針は、昭和九年六月には固まった。日本の要求とは、「各国の保有し得べき兵力量の共通最大限度」の規定であり、「国防の安固を期し得ざる条約は、これを協定せず」というものだった。

昭和九年七月、元老の西園寺公望は、海軍強硬派を制することを期待して、ロンドン海軍条約締結の際、軍事参議官としてその取り纏めに尽力した岡田啓介海軍大将を首相に指名した。しかしその岡田も、大角海相や伏見宮総長の強硬論には手の施しようがなかった。

八月に日本海軍は、総トン数上の平等、主力艦および航空母艦の完全廃棄の要求という、他国がとうてい受け入れられないような要求を岡田首相に呑ませることに成功した。

伏見宮総長は、海軍としては軍艦と空母の廃止を望んでいないし、他の列強とてとうていこのような提案に同意するはずはない、と上奏していた。

第二次ロンドン会議が近づくと、陸海軍ともしきりに「一九三六年の危機」を訴え、軍備増強を訴える宣伝パンフレットを発行した。

昭和九年十一月に海軍軍事普及部から出版されたパンフレットには、「有史以来戦争のため滅びた国は多少あるけれども、まだ軍備に国費を使い過ぎたために滅びた国は一国も無いのである」と独断と偏見に満ちた文面が書かれていた。この言葉の中に当時の海軍の短絡的思考を読み取ることができた。

昭和九年（一九三四）、英国の提唱で予備交渉が開催されることになったが、その予備交渉において日本代表に任命された山本五十六少将は、出発に先立って、日本のパリティ要求について、「俺にはまだ納得できない。これでは米英を説得することは難しい」と洩らしていた。

はたして十二月十日、予備交渉は休会となり、同月二十九日、日本側は米国政府に対して、ワシントン海軍軍縮条約の破棄通告を提出した。

第二次ロンドン会議も、予備交渉同様に不調となり、日本側は、昭和十一年一月に会議を脱退した。ここに軍縮の時代は、昭和十一年末をもって幕を閉じ、太平洋無条約時代を迎えることになった。

1　海軍良識派とは

『広辞苑』によれば、「良識」とは「社会人としての健全な判断力」としている。それではこの本のテーマである日本海軍良識派（あるいは条約派、海軍省派）とは、具体的にどのように定義されるであろうか。

筆者が考えるに、おおよそつぎのように要約することができるように思う。

①日本海軍の利益にとらわれることなく、日本のナショナル・インタレスト（国益）を考えて行動した日本海軍のリーダー（将官）たちのこと。

②国際政治や国際環境、国際思潮などを、総合的かつ的確に判断して、海軍政策を立案した将官たちのこと。

③山本権兵衛―斎藤実―加藤友三郎の衣鉢を継いだ主に海軍省系の将官のこと。

④米英協調路線をよしとする将官たちのこと。

⑤「常備艦隊」（Fleet in Being）、実力を発動しないが、戦略上無視できない牽制艦隊でよしとする考えをする将官たちのこと。

⑥主力艦に関するワシントン海軍軍縮条約や補助艦に関するロンドン海軍軍縮条約の意義を積極的に評価する海軍将官たちのこと。

⑦財部彪、谷口尚真、山梨勝之進、左近司政三、堀悌吉、下村正助等、世間からいわゆる「条約派」と呼ばれた将官たちのこと。艦隊派の要求に押され、大角岑生海相によってロンドン海軍軍縮条約締結後の数年間で予備役へ編入された将官たちのこと（大角人事）。

昭和六十二年、財団法人日本国防協会から刊行された『海軍は何故開戦に同意したか―太平洋戦争秘史』の中で元海軍大佐の大井篤氏は、いわゆる「大角人事」なるものを厳しく批判している。

その要点を紹介してみたい。

「大角という人は、彼が昭和十六年一月、航空機事故で殉職した時に海軍高官たちの寄せた追悼文の類を見ても、身辺の利に目ざとく反応して抜け目なく立ち回る人だったようだ。海軍省軍令部業務互渉規定改定でも道理に基づく井上成美の進言を斥け、天皇の注意までも聞き流し、伏見宮の非常なご熱心特別の思し召しの圧力に屈する途を選んだ。その犠牲者は井上成美のほかその直属上司の寺島健に及び、能吏型の吉田善吾と阿部勝雄がそれぞれ軍務局長、軍務局第一課長の要職に配された。伏見宮の威光が致命的な制度改定だけでなく、それにも劣らず致命的な人事配員にも及んだのである。

われわれの海軍仲間の間には俗に『大角人事』と呼ばれるものがあったが、それが単に右の程度でとどまっていたら、それほど悪名高くはならなかっただろう。だがその後いわゆる条約派の大物が次から次へと現役から姿を消した。ワシントン、ロンドン両条約の締結に功を立てたり、両条約を強く支持したりということでジャーナリズムが条約派と呼ぶようになったのだが、条約派の意図したものは対米英戦回避だった。そしてそれは経済大国たる米英との軍備競争が国家財政を危険にすることを恐れてのものだったことは無論のことで、条約派はすなわち政治優先派であり、統帥権独立反対派でもあった」

世上で「海軍条約派」と言われだしたのは、昭和五年（一九三〇）のロンドン海軍軍縮条約締結以後のことである。

『太平洋海戦史』（岩波新書）を著した高木惣吉元海軍少将は、『自伝的日本海軍始末記』の中で、「新海相大角大将は岡田海相時代の次官として、かなり評判がよかった。

加藤友三郎元帥以来の海軍の穏健な考え方であった。ところがロンドン会議の統帥権干犯の騒ぎから、財部元海相一派の旗色が悪くなり、三月事件、満州事変、十月事件と、時勢が軍国主義の方に傾くと、方向を変えて加藤寛治大将（軍事参議官）に迎合し、七月二日には伏見宮博恭王を軍令部長に祭り上げた」と、大角の人事を強く批判していた。

2　海軍省優位体制の確立

(1) 日本の国防は海軍優位だった

「ガン・デプロマシー（砲艦外交）」という言葉もあるように、海軍の存在は、その国の外交の裏づけとなる。陸軍のように大勢の部隊を動かさずとも、軍艦一隻だけでも外国へ派遣して外交的圧力をかけたりもする。海軍の存在は、その国家の力の象徴ともなりえるのである。その意味で海軍の存在は、国家政策と密接不可分なのである。したがって海軍政策を司る海軍省の存在は、軍令部に比べて優位となるのが一般的である。

実際に幕末日本の開国の契機になったものは、ペリーの率いるいわゆる「黒船」の来航によるものであった。

「泰平の眠りを覚ます上喜撰、たった四杯で夜も寝られず」という狂歌にも見られるように、わずか四隻の米国の「黒船」は、二百数十年の徳川幕府の「鎖国」という外交方針を覆すほどの威力を持っていた。

また海軍が持っている機動性は、陸軍のそれとは段違いである。

こうしたことから海軍の場合には、軍政と軍令という二つの機能を比較した場合、軍令に対して軍政が優位に立つのである。

それではつぎに、日本海軍の創設の歴史を概観することによって、いかに海軍省優位体制が確立してきたかを見ることにしたい。

慶應三年（一八六七）、徳川幕府は大政奉還を行なった。翌慶應四年（一八六八）、明治新政府が組織された。しかし明治新政府には、直属の軍隊はなく、政府は諸藩の藩主を通じて兵を指揮しうるに過ぎなかった。

新政府の下での国軍の創設は、まず海軍からなされた。慶應四年四月二十一日、有栖川熾仁親王は東征大総督として、江戸城に入城した。幕府はその所有軍艦八隻のうち、富士山、朝陽、翔鶴、観光の四隻を新政府に収めたが、この四隻が新政府直属の最初の海軍軍艦となった。

新政府において、陸軍はいまだ組織されていなかった。明治四年（一八七一）二月二十二日に至り、薩摩、長州、土佐の三藩の献兵一万をもって、ようやく創設された。日本を取り巻く内外の状況からして、海軍は欧米列強の日本への侵攻に対処する役割を負っていた。これに対して陸軍の場合は、国内の反政府勢力に備えんとするものだった。

日本の兵制は、海軍は英国式（明治三年十月二日）とし、一方陸軍は、普仏戦争の結果ドイツが勝利を収めたことによって、従来のフランス式（明治三年十月二日制定）を転換して明治十八年にドイツ式とした。

明治三年五月欠日、兵部省建白「海軍を創立すべき件」には、つぎのように述べられている。

「それ海軍を創立せんと欲する時は、地形と国力とを参考洞察して、緩急大小その宜しきに処すべきなり。試みに西洋の数国を引き弁解せん。イギリスはロシアに比すれば国小にして陸軍の数大いに劣るといえども、海軍の力ははるかに勝れり。これ海中に孤立する国と、大陸に瀰漫する国ともとより地形の異なるによって、その戦備となるところ、おのずからしからざるをえず。また海外に属地を領し、あるいは通商を事とするの国は、殊に海軍を要用とす」

この建議書は、兵部大輔が明治三年五月欠日に提出した海陸軍興張意見書を訂正したものといわれている。

前原一誠によれば、軍備について、全国歳入の四分の一をもって軍備の定額とすべきであるが、財政窮迫の理由から、はじめの七年間は、全国歳入の五分の一をもって海陸の軍備に当てるものとされた。

ここで明らかのように、明治維新期における国防構想は「海主陸従」であり、したがって公用語も明治五年までは、「海陸軍」であった。

(2) 海軍省優位体制

慶応四年(一八六八)九月八日、明治と改元された。

一月十七日、三職七科の職制が定まり、海陸軍務科が置かれた。すなわち、総裁、副総裁(議定)、参与、および神祇事務科、内国事務科、外国事務科、海陸軍務科、会計科、刑法事務科、制度事務科である。

海陸軍務科の長は、海陸軍務総督であり、岩倉具視、嘉彰親王、島津忠義の三名が任ぜられた。すなわち、神祇官、太政官、民部省、大蔵省、兵部省、刑部省、宮内省、外務省であり、兵部省は、海軍部、陸軍部参謀局に分かれることになった。兵部省の長である兵部卿は、嘉彰親王であった。

明治五年（一八七二）二月二十七日、兵部省が廃止され、二月二十八日、陸軍省、海軍省が置かれた。陸海軍省設置の時、陸海軍卿は欠員であったため、兵部大輔山県有朋は陸軍大輔に転じ（明治五年二月二十八日）、次いで初代陸軍卿になった（明治六年六月八日）。一方、海軍側では、勝安芳が、初代海軍大輔（明治五年五月十日）に就任し、次いで初代海軍卿になった（明治六年十月二十五日）。

なお、明治維新後の陸海の呼称は、一般的には海軍を上とし陸軍を下にしていたが、明治五年一月（日不詳）、陸軍を上にすることを決めた。

さて陸軍省は、従来の参謀局を第六局として管轄していたが、この第六局は、明治七年二月二十二日、再び参謀局として改称され、軍令事項を掌（つかさど）るところとなった。そして明治十一年十二月五日に至り、参謀局は廃止され、陸軍省を離れ、参謀本部として独立することになった。

その理由としては、「陸軍の事項たる類を分かち、門を別けてこれを数うれば指屈するに暇あらずといえども、その大要たる事務は二大別となすべし。曰く政令なり。

曰く軍令なり。而してその政令の如きは、自ら本省の奉行する所にして、軍令に至りては、すなわち参謀局の専任する所たり」となっていた。

一方、海軍は一元主義をとり、海軍省が軍政と軍令を統括し、軍令事項はだいたい軍務局が管掌した。

(3) 省部事務互渉規定の制定

明治二十六年（一八九三）五月十九日、「海軍軍令部条例」が制定され、海軍大臣下にあった海軍参謀部は分離独立して、海軍軍令部となった。

第一条、海軍軍令部は東京に置く。出師作戦沿岸防御の計画を掌り、鎮守府および艦隊の参謀将校を監督し、また海軍訓練を監視す。

第二条、海軍大将もしくは海軍中将をもって海軍軍令部長に親補し、天皇に直隷し、帷幄の機務に参し、部務を管理せしむ。

第三条、戦略上事の海軍軍令に関するものは、海軍軍令部長の管知するところにして、之が参画をなし、親裁の後、平時にありては之を海軍大臣に移し、戦時にありては直ちに之を鎮守府司令長官に伝宣す。

第四条、海軍軍令部長は、勅を奉じ検閲使となり、鎮守府および艦隊の検閲を行なう。

明治二十六年五月二十二日、海軍軍令部独立の際、海軍軍令部長と海軍大臣の間で協議決定された「省部事務互渉規定」は、つぎのようなものであった。

第一項、在外人民の保護、密漁密商の監視、難破船漂流人の救助、水路測量、探検および教育訓練等の任務に関し、軍艦の差遣を要する時は、海軍大臣軍令部長は商議し、部長軍艦発差を計画し、上裁を経て海軍大臣に移し、大臣之を施行す。

第二項、軍機戦略に関し、軍艦および軍隊の発差を要する時は、軍令部長海軍大臣に商議し、計画案を具し、上裁を経て大臣に移し、戦時は部長直ちに鎮守府司令長官、艦隊司令長官に伝宣施行せしむると同時に、大臣に通牒す。

第三項、演習の施行に関しては軍令部長之を計画し、経費に関するものは海軍大臣に商議し、上裁の後大臣に移し、大臣之を命令す。

第四項、教育訓練の学科教程および操法の創設変更に関しては、海軍大臣方案を軍令部長に移し、商議決行す。其の施行監視上、部長改廃の意見ある時は、事由方案を具し、海軍大臣に移す。教育訓練に関する諸報告は課群小に受領し、軍令部に回送し互いに調査す。

第五項、沿岸防御および出師に関しては、軍令部長其の計画を定め、海軍大臣に商議し、大臣之を主務部局に下し、其の沿岸防御および出師準備をなさしむ。

第六項、艦船および砲銃弾薬、水雷並びに其の属具の創備改廃修理の如き兵力の伸縮に関し、経費に渉るものは、省部互いに意見を問議す。

第七項、鎮守府艦団隊の建制に関しては、海軍大臣其の案を軍令部長に移し、商議し海軍大臣制定の手続きをなす。

第八項、参謀将校の進退に関しては、海軍大臣上奏するに先立ち、軍令部長に商議す。

第九項、軍令部長は演習および艦船役務航海等の歳出に関する事項は、計画を予定し、歳計予算調製の時期に先立ち、之を海軍大臣に移す。但し本項の計画を予定するに先立ち海軍大臣は第一項の軍艦平時の任務を予定して、軍令部長に移す。

第一〇項、軍令部の経費および用度は海軍省経理局において支弁す。但し其の恒例に係わるものは、直ちに経理局に照会し、臨時に係わるものは軍令部長海軍大臣に請求す。

第一項、公使館付将校は、軍令部長管轄する所なりといえども、一般訓練は海軍
　　大臣より下付す。

　このように海軍大臣は、各項実施のほとんどすべての点にわたり担当していたのであり、海軍省の軍令部に対する絶対的優位が確立していたことがわかる。

　この「省部事務互渉規定」は、明治二十九年一月十六日、若干改正されたものの、だいたいにおいて昭和八年十月一日の改定まで、その効力を保った。

3　近代海軍の建設者・山本権兵衛

(1) 山本権兵衛の生い立ち

　山本権兵衛(嘉永五年〈一八五二〉十月十五日〜昭和八年〈一九三三〉十二月九日)は薩摩で生まれた。権兵衛が十二歳の時、薩英戦争が起こった。文久三年(一八六三)六月二十八日、生麦事件の賠償交渉が不調におわったため、英国艦隊七隻は艦砲射撃を鹿児島の城下に加えた。

　権兵衛は慶應三年(一八六七)、薩摩の小銃第八番小隊に入隊し、翌年正月に勃発

した鳥羽伏見の戦に参加し、十六歳から十七歳にかけて東北諸藩との戦闘に従軍した。明治二年三月、権兵衛は藩命により東京に遊学することになった。上京した権兵衛は昌平學に入学した。

榎本武揚の率いる旧幕府の兵は北海道に逃げ新政府に反乱したため、西郷隆盛が薩摩兵を率いて北海道遠征に行くのをみた権兵衛はこれに志願し、従軍することになった。

五月十八日、権兵衛が函館に行くと旧幕府軍が降伏したため、すぐに東京へ帰り、再び昌平學に入り、やがて開成所に転校した。

権兵衛は西郷隆盛に会った時、勝海舟宛の紹介状を書いてもらった。海舟は西郷と談判して、江戸城の明け渡しをした大人物だった。

西郷の紹介状もあるし、一言のもとに権兵衛の海軍入りを許してくれるものと思って、朝の九時ごろ、勇んで海舟の家を訪れた。黄八丈の着流し姿の海舟は煙草盆を持って、権兵衛の前に現われた。権兵衛としては英雄豪傑風な風貌を想像していたが、実際の海舟は小柄な人物だった。

十八歳の権兵衛に対して、まるで自分の子供のように、「海軍に入りたいのかね」と、海舟は優しく言った。

「そげんでごわす。おいどんは薩英戦争を目の前に見もして、海から攻める敵は海上で撃退せんといきもはんと思いもした。そいで海軍に入る決心をしもしたので、勝先生、よろしくお願いしもんど」と、気負いこんで懇願した。

すると海舟は軽い調子で、「海軍は陸軍とは違ってね。技術的なことが難しくってね。海軍修行は大変ですよ」と言った。

ボッケモンの権兵衛は朝の九時から夕方の四時まで粘って懇願してみたが、海舟はなかなか「うん」とは言わなかった。

数年来、海軍に入ることを夢見てきたのに、ここで諦めることは残念でならない権兵衛としては、あくる日も朝早くから海舟の家へ出かけた。

ところが海舟はまたしても、「海軍は大変だから、若いうちに諦めたほうがよい」と優しく諭すのだった。

権兵衛は、「西郷どんは海軍に入って、国家のために身命を捧げて働くようにと、おいどんに申されたのでごわす。勝先生、どうかおいどんの立場もお考え下さって、海軍に入ることをお許した

山本権兵衛

もんせ」と、重ねて懇願した。

「そうでんすか。若いあなたが十年、二十年間も海軍修行をして、それに耐えられず、それから陸軍に入るのでは、西郷さんの紹介にたいして申し訳ないと思ってね」

「勝先生、それでもよすごあします。どうか海軍に入らせてたもんせ」

権兵衛は三日目も海舟から断られた。権兵衛としては、十日でも一年でも海軍入りを懇願するつもりだった。

「勝先生、また相談に参りもした。先生のおっしゃることはよくわかりもす。じゃどん、おいどんは西郷どんから海軍に入れちいわれもすんで、死んでん海軍に入りたいんでごわす。勝先生、頼みやけもすんど」

「海軍は陸軍と違ってね、技術的にとても難しく、荒海を航海するのは大変な修行です。荒波に呑み込まれることも覚悟しなくてはなりません」

「勝先生、それでも本望でごわす」

そこまで言われると、さすがに海舟も権兵衛の懇願を無下に断れなくなった。

「そんなに熱心にやる決心ならば、海軍に入んなさい。私の家へ来て勉強してごらん。海軍に入ると洋学も大切です。数学も一生懸命に勉強せんとなりません」と海軍に入ることを許したばかりでなく、その夜から権兵衛は海舟の食客となった。

九月十八日、東京に海軍操練所が創設された。権兵衛は鹿児島藩の貢進生五名のうちに選ばれて、海軍操練所に入所した。しかし、その後でも権兵衛は毎週一回、海舟のもとを訪れて、教えを乞うた。

後年、海舟が亡くなった時、権兵衛は海軍大臣だった。権兵衛は勅許を得て、現職の海軍大臣と同じ儀仗兵を出し、海舟の死を悼んだ。権兵衛は海舟の銅像を海軍の正面に立てることを計画して海舟の婿である目賀田家に言ったところ、海舟は銅像を嫌っていたことがわかり、沙汰止みになった。

明治三年（一八七〇）十一月十一日、海軍操練所は海軍兵学寮となった。権兵衛は幼年生徒十五名の中に入り、明治五年八月二十日、本科生徒になった。

その間、明治四年一月十七日、鹿児島藩からの兵学寮生徒の日高壮之丞、和田次郎左衛門、有馬幹太郎、山本権兵衛の四名から退寮願いが出され、一月二十日に退寮が許可され、権兵衛は鹿児島に帰国した。

西郷は御親兵を率いて上京することになった。その時、権兵衛は御親兵の伍長となって上京し、八月二日、海軍兵学寮に再び入学することになった。

征韓論は明治政府を分裂させ、文治派の大久保利通と武人派の西郷隆盛は仲違いすることになった。

権兵衛は江藤新平の書いた文章を読んで、明治新政府に対して不信感を持つようになった。そこで権兵衛は西郷にじかに会って、その真意を直接訊ねた上で、今後の進退を決めることにした。

権兵衛は親友の左近充隼太に相談したところ、二人とも鹿児島に帰ることにした。郷里に着いた二人は、自分の家には帰らず、まず桐野利秋と会い、それから篠原国幹に会った。

それから権兵衛は西郷の家へ行って、帰国した理由と今後の決意を語った。西郷は権兵衛の言葉を静かに聞いていたが、やがてキセルの端を持ちながら、静かに語り出した。

「維新の翌年に、出征戦功者の中から、わずか五十名を選抜して各地に派遣したのであった。その時各自にあたえられた藩主の訓令書にも、維新の大業はなったけれども、残党の動静安からぬことで、各自は学問を主とし、かたがた体制を観察し、時によって報告せよ、と告げているはずである。ことに君たちは年少のころから海軍に従事し、その修行まだ半ばにも達していない。前途はまだ遼遠である。これから日本が盛大になるにつれてますます多事多難になるであろう。

将来かならず海軍に頼むところが大きい。とくに日本は支那とロシアに隣接しているので、外敵に襲われた時、海軍の力に頼るほかないのだ。こういうことをよく考えなくてはならない。決して現在の政治などに心を悩ますことなく、固い決心のもとに余事は忘れて一意専心、海軍修行に励み、将来の日本のために努力してもらいたい」

後年、権兵衛はその時の模様について、つぎのように回顧している。

「あの時はずいぶん乱暴なものだったよ。鹿児島に帰って先輩や南洲翁に会った結果、ついにわれらも自重せねばならぬことを悟ったから、ただちに上京することを決心したが、加治屋町方面の兵児二才たちが、われらの話を聞こうということになったもんだ。そこで我輩がまず世界の大勢から当時の時局について一席弁じて各自の自重を促した。

ところが三、四十名集まった猛者どものことだから、その中の一人が、『山本、貴様はヤソじゃないか』といったから、我輩もムッと睨んで、『ナニッ、俺にヤソとはなんじゃ』とやり返したところ、さあ事だよ。喧々轟々やりだしたね。そして誰かが、『殴れ、殴れ』と言い出したもんだ。『殴れとはなんだ。見渡すところ、この中に我輩に勝てる奴は一人もいないようだ。『殴りたかったならば一人ひとり来い』と、今考えると傍若無人の言を吐いたからたまらない。皆が総立ちになって、今にも血の雨を降らせそうな形勢になったので、居合わせた貴島清が我輩に対して、『このままでは危険だから、すぐ上京するがよい。今夜のうちに出発せよ』と逃してくれた。そこから小ついに自分の家にも寄らず、そのまま道を迂回して州崎に出たものだ。そこから小船を借りて谷山まで漕ぎつけ、左近允と落ち合って山川まで船に乗ってゆき、便船を待ち長崎に行き、そこから帰京の途についた。

京都に着いてからがまた面倒だった。何しろ左近允の奴、きかぬ気の奴で、どうしても我輩と意見が一致せぬのだ。あれだけ生死を共にすると誓っていながら、いかに南洲翁の言とはいえ、それに説得せられて初志を翻したことは自分を裏切ったものだと一途に考えている様子なので、我輩もてこずったよ。明日東京に発つという前夜、彼はまた議論を吹きかけてきてなかなか激しかった。そのとき彼は我輩と刺し違えるつもりでいたらしい。ついに彼は激した結果、立ち上がって床に置いた自分の信玄袋を探しおったが見つからず、何か気抜けしたようだった。彼は日頃秘めておいたはずの短刀を探したのだが、我輩はそんなこともあろうかと思って、少し前にそれを抜き取って、別の場所にしまっておいたのだ。これにはさすがに彼も参ったね」

しかし、左近允隼太はそのあと鹿児島に帰り、明治十年（一八七七）、城山で戦死した。

明治七年（一八七四）十月十四日から権兵衛は、実地研究のため筑波艦に乗ることになった。同月、権兵衛は海軍兵学寮を卒業して、十一月一日に海軍少尉補に任官した。

この年、台湾征討があって、西郷従道は都督となった。そして日進と孟春の二隻の軍艦は台湾に進出した。筑波艦も台湾出陣を命ぜられ、権兵衛たち海軍兵学寮生徒三十七名を乗せ、出航した。

勅使の東久世侍従長は、十一月十七日に筑波に乗船し、長崎を出航した。

十二月二日、西郷都督は凱旋のため高砂丸に乗船したため、筑波艦は十七発の礼砲を撃った。

征台も終わり、筑波は厦門に寄航して、十二月二十九日、品川に帰港した。

翌年（明治八年）一月一日、権兵衛は兵学寮に再び入学した。四月八日、権兵衛たちは航海練習のために筑波艦に乗り組み、半年間にわたって日本列島の周辺を航海した。

同年十一月六日、権兵衛たちは筑波艦に乗って、品川を出航して太平洋を横断してアメリカへ行くことになった。権兵衛たちは、サンフランシスコやハワイを回って、翌年（明治九年）四月十四日、横浜港に帰った。この航海では、止むを得ない場合のほかは、蒸気機関を使わないで帆走することになっていた。

明治九年九月二日、権兵衛は海軍兵学校通学を命ぜられた。同年十二月二十七日、権兵衛は同僚七名とともに、翌十年一月二日、横浜港を出航して、マニラ、シンガポール、喜望峰、南アメリカ、イギリスなどを巡航して、十一月二日、ドイツに着いた。

権兵衛が西南戦争の発生を知ったのは、この航海中のことであった。明治十年、権兵衛は同僚七名とともに、ドイツ軍艦ライプチヒ号に添乗を命ぜられた。権兵衛たちは、ウェルヘルムスハーフェン港を出航して、イギリス、アフリカのマディラ島を経て、南米の東岸のモンテヴィデオに着いた。それから南下してマゼラン海峡を通り、西岸を回り、チリのバルパライツ、ペルーのカラオを巡って、明治十一年三月九日、パナス港に着いた。

ところがドイツは中米ニカラグアと紛争中であり、ライプチヒ号は陸戦隊を出すことになったため、日本政府は権兵衛たちを退艦させ、帰国を命じた。

三月十三日、権兵衛たちはパナマ港に上陸し、ライプチヒ号を退艦し、アメリカ船でサンフランシスコに行き、そこからイギリス船で、五月十二日、横浜港に帰国した。

海軍少尉の権兵衛は、六月十一日、扶桑艦の乗り組みになった。扶桑艦長は薩摩出身の伊東祐亨海軍中佐で、後年、元帥になった。また、英国に八年間も留学していた海軍中尉の東郷平八郎は、八月十六日、扶桑艦の乗り組みになった。その頃、権兵衛は一メートル七十センチ、八十キロの体重があった。

明治十一年（一八七八）十二月十六日、権兵衛は津澤鹿助の三女・登喜と結婚した。権兵衛が数えで二十七歳の時であった。登喜は万延元年（一八六〇）四月十二日生まれの十九歳であった。

二人の馴れ初めは、つぎのようなものだった。権兵衛が海軍兵学校の寄宿舎にいた時、そのあたりに品川青楼があった。権兵衛が品川青楼にしばしば遊びに行っていたところ、登喜は新潟の漁村から身売りされてきた。権兵衛は色白で細面の登喜に一目ぼれして、六歳年下の弟で、後で大田家を継ぎ海軍少将となった盛実や同僚と一緒になって、登喜を品川の青楼から夜逃げさせた。

明治十一年（一八七八）十二月二十七日、権兵衛は海軍中尉に任命された。結婚して十一日目のことであった。東郷平八郎は、この日に海軍大尉になった。

翌年（一八七九）四月九日、権兵衛は乾行艦に転乗を命じられた。乾行は海軍兵学校生徒の練習艦だった。

明治十二年十月二日、長女いねが生まれた。いねは後に海軍大将財部彪夫人となった。

明治十三年（一八八〇）十月七日、権兵衛は竜驤艦に転乗を命じられた。竜驤は兵学校卒業生のための遠洋航海の練習艦だった。

権兵衛は、明治十八年（一八八五）六月二十日、海軍少佐になった。その前の五月二十六日、権兵衛は浪速艦を受け取るために、英国へ向けて日本を出発した。

十一月十五日、三女みねが生まれた。後の満州工廠長山本盛正夫人である。十一月二十日、権兵衛は浪速艦の副長となった。

浪速艦は明治十九年（一八八六）三月二十八日、英国のニューカッスルタインを出発し、グウインスとポーツマスを経て、四月一日にプリマス着、四月十一日に同地を抜錨して、ジブラルタルとスエズを通って、六月十一日にシンガポール着、同月二十六日に品川に着いた。

明治二十二年（一八八九）四月、権兵衛は海軍中佐となり、八月に海軍大佐となって、高雄艦長になった。

明治二十三年二月二十三日、権兵衛は西郷海相によって、高雄艦長として朝鮮近海に出動を命ぜられた。そして同年二月二十三日、横須賀軍港を抜錨して朝鮮へ行き、三月六日に袁世凱と再会した。

同年三月、初の陸海軍連合大演習が行なわれた。これに権兵衛は高雄艦長として参加した。

明治天皇が自ら統監した。演習は二ヵ国が連合して、日本列島に侵入してきたという想定の下に行なわれた。西軍が侵入軍、東軍は日本軍となった。

山本は高雄艦長として西軍に属した。四月、神戸港で海軍観兵式が行なわれた。観兵式は、後年には観艦式といわれるようになった。

明治二十四年六月、権兵衛は四十歳にして海軍大臣官房主事になった。明治二十六年五月二十日、海軍省官制改定によって、海軍大臣官房主事の職名はなくなり、海軍省主事となった。

傲岸不遜な権兵衛でも、西郷従道には頭が上がらなかった。権兵衛の兄の子供である山本英輔海軍大将は、ある時、「西郷侯でもいなかったならば、叔父も少佐か中佐ぐらいで終わっていたかもしれない。あんな悍馬は、よほどの豪傑でなければ乗れぬからね」と言っていた。

権兵衛は、陸軍中将から海軍中将となり海軍卿となった西郷従道に対して、はじめのころあまり敬服していなかった。

「西郷どんが陸軍から回ってこられた時に、おいどんはすぐ呼ばれて、いろいろ聞かれたので、一通り答えたけれども、何しろ海軍の全般を知るのは一日や二日でわかるものじゃないから、おいどんは七ヵ月かかってようやく書き上げた調査書を渡して、『これを御覧になれば、大体わかりもす』と言った。すると一週間ぐらいして再び呼ばれて行くと、『もう済んだ』と言われて返された。いくらなんでも一週間ぐらいでわかるものかと思って、『お分かりやしたか』と訊ねると、『わかった』という返事だった。そこでおいどんは開き直って、『閣下、そいは何でごわすか。閣下は海軍じゃ新参者でごわす。じゃっどん山本は海軍に育ったもんで、海軍じゃ古参でごわす。その古参が七ヵ月の月日をかけて調べたことを一週間や二週間でわかいやしとは無責任でごわす』と言った。

すると西郷はあっさりと、『そげん言うなら今一度貸してくれ。拝見しよう』と言った。それから二週間ばかりして呼ばれて行ってみると、やはり「読まなかった」との返事だった。そこで権兵衛は『それじゃ閣下がお読みにならなかったということは、お前に一切任せるということでごわすか。そんなら話はわかりもす』と聞き返すと、『そげんじゃっと』とのことだった。従道侯はこうした腹の底の知れん図太い人じゃった。弟の従道侯は大西郷とは全く異なる性格の人で、なかなか豪胆な中にも細心の人であった」

日露戦争の後のこと、伊藤や山県などの元勲たちが集まった宴席でのこと、従道は権兵衛をつかまえて、つぎのように言った。

「山本どん、あんたは私をはじめは嫌いでしたな。一体どこが嫌いでしたか」と訊ねてきた。そこで権兵衛は、「自分はあなたを奸物だと思い込んでいもした。そしてすること、なすことはすこぶる横着者でごわした」というと、従道は「そうでしたか」と大声で言って笑った。

西郷従道

従道という人間は茫洋のように見えて、かえって要領をつかむのが早い人物だった。どんなに難しい問題でも従道にかかると自然に解決した。したがって、従道は明治の内閣にはかならず一枚噛んでいたのだった。

長州の陸軍、薩摩の海軍といわれた時代において、権兵衛は人材登用に意を尽くした。権兵衛の後に海軍大臣になった人は、財部彪を除いてみな薩摩出身者ではなかった。軍令部長も伊集院五郎の後は薩摩出身者ではなかった。権兵衛が海軍大臣在職期間の八年間で重用した者は、海軍兵学校出身者の俊英であった。

明治二十三年（一八九〇）十二月三十一日の調査によれば、当時、日本海軍には、現役一万四千名、予備役一千名、軍属二千余名いた。また、軍艦は二十五隻、水雷艇は五隻であった。

ところが、予算の関係で海軍の人員を整理しなければならなくなり、将官八名と、佐官尉官級八十九名にものぼる多数を退役させなければならなくなった。

この時に臨んで権兵衛は公平無私の態度を貫き、整理すべき海軍軍人の名簿を、西郷海相に提出した。

明治二十六年（一八九三）四月二十三日の『中央新聞』に掲載された権兵衛評は、つぎのようなものであった。

「山本権兵衛なるものは、今や世上の一疑問なり。その官は海軍大佐、その職は海軍省主事に過ぎざれども、一個の豪傑と見られ、あるいは悪豪傑と称するもあれば善豪傑と称するもあり。善悪の批評種々にして、さながらクロムウェルの真価分明せざりし時の如し」

明治二十七年（一八九四）八月一日、日本は清国に対して宣戦を発した。その一ヵ月前の七月二日の閣議において、参謀次長川上操六と海軍省主事山本権兵衛大佐の間で、つぎの論争があった。

陸軍側としては、朝鮮に二個師団出兵させたいということだった。これに対して海軍側は断固反対した。

すると陸軍は、二個師団が多いというならば二個旅団でも派遣したい。しかし、それでも駄目ならば二個連隊でもよいから、事前に出兵させたいと言ってきた。

これに対して海軍側は、単に兵数を問題にするのではなく原則の問題だとして撥ね付けた。川上と権兵衛はともに鹿児島出身だった。

「山本、陸軍ではどうしてもかねての計画どおりに実行する意気込みでいるから、どうか海軍も賛成してもらえないか」

「あっ、そうか。それだけやりたいのであればそれもよかろう。しかし陸軍には橋を架ける工兵はあったかね」

「それはある。ところでどこに橋を架けるのだね」

「うん、肥前から朝鮮の釜山まで八十余海里ある。そこに橋を架けさせてみよ」と高飛車に言ったところ、さすがの川上も黙ってしまった。

「陸軍が兵を動かすことは、誰が何と言っても戦闘行為と受け取られても仕方がない。

宣戦布告をしてから陸軍が兵を動かすことは当たり前のことだが、宣戦布告前にそのようなことはできない。もし陸続きであれば臨機応変の処置ともいえるかもしれないが、海を隔てているではないか。それをまさか下駄履きで渡るわけにも行くまい。まず軍を動かそうとすれば、それと並行して食糧や弾薬も輸送しなければならない。そのためには多数の輸送船も、またそれらを護衛すべき護衛艦もいることはご承知の通りです。わが国に二十万トンの海上力があれば四十万トンの輸送船が必要である。一方において敵はわが方の行動を看破した場合、決して黙することはないだろうから、その相手もしなければならない。このようなことにはならないと思っているのかね。血気にはやっての快はすなわち悔だ。それでも無理矢理に押し通すだけの覚悟が陸軍にあるのならやってみてもよかろう」

東郷平八郎は明治十九年(一八八六)当時四十二歳であったが、病気勝ちであった。翌二十年の正月、熱海での入浴願いを許され、湯治し、三月二十四日に出勤した。しかし、七月八日からまた病気となり、塩原温泉で湯治し、明治二十一年になると今度は気管支炎になったため湯河原で湯治した。

翌年六月二十二日、平八郎は粉瘤摘出の手術を受け、十一月に湯河原で湯治という具合で、健康に恵まれない平八郎は、明治二十六年（一八九三）十一月に予備役編入リストに掲載された。

西郷従道海相は、このリストを見ながら権兵衛に、赤鉛筆で○印を付けさせていた。最後の東郷平八郎のところに来て権兵衛は、「もう少し様子を見ましょう」といって、○を付けなかった。このため平八郎は退役にならず、横須賀に繋いであった予備艦の浪速の艦長になった。

(2) 日清戦争

一八五六年（安政三）から一八六〇年（万延元）のアロー号事件において清国は、イギリス・フランス両軍と戦い敗北し、半植民地国家の地位に転落した。とはいっても清国は日本より優勢な艦隊を有していた。

当時、日本の海軍力はわずかに軍艦三十一隻、水雷艇二十四隻であり、一方の清国は軍艦六十三隻、水雷艇二十四隻を有していた。

明治二十七年（一八九四）六月十二日、小村寿太郎臨時代理公使は清国政府に対して、「日本政府はいまだかつて朝鮮を清国の属邦とは認めていない。今回日本から朝鮮に派兵するのは斉物浦条約によるもので、その手続きは天津条約により取り計らった。また日本から派兵する兵の多寡は日本政府自らこれを裁量すべく、その行動については、行くべき必要のないところには無論行かないであろうが、他から掣肘される筋は少しもない」と通報した。

朝鮮半島の騒乱は、結局、日清戦争まで発展した。日本陸軍は、京城に駐屯し、清国は牙山方面に集結した。

日本海軍は佐世保軍港に集結し、一方の清国艦隊の主力は威海衛にあった。

七月十九日、日本海軍の常備艦隊と西海艦隊は、連合艦隊を組織することになった。海軍評論家の伊藤正徳によれば、権兵衛がはじめて連合艦隊を造ったとし、権兵衛を非常に高く評価し、「大佐大臣」の呼称に値するとしている。

第一遊撃隊の吉野、秋津洲、浪速の三艦は坪井航三司令官の指揮下にあったが、連合艦隊の本隊と離れて航行していると、七月二十五日、豊島沖で清国艦隊の済遠、広乙、操の三隻と会敵した。清遠から砲撃をはじめて、日清戦争の火蓋が切られた。

明治三十年（一八九七）五月十五日、権兵衛の長女いねは海軍少佐財部彪と結婚した。翌明治三十一年五月十四日、権兵衛は東郷平八郎と一緒に海軍中将になった。そして十一月八日、山県有朋内閣の成立によって、権兵衛は海軍大臣に就任した。

明治三十一年三月八日、今度は権兵衛の次女の「すえ」が山路一善（後の海軍中将）に嫁いだ。

明治三十三年（一九〇〇）十月十九日、伊藤博文内閣となり、次いで三十四年六月二日、桂太郎内閣が成立すると、権兵衛は引き続いて海軍大臣に留任した。

この第一次桂内閣は、それまでのように伊藤、黒田、松方、山県など維新の元勲が作った内閣でなかったため、少壮内閣とか後進内閣などといわれた。

日清戦争の後、露、独、仏の三国干渉もあり、日本の国運を左右しかねない重大な時期にあったため、重要問題は、元老会議に諮（はか）り、桂首相、山本海相、小村外相が事に当たることになった。

（3）日清戦争後の軍備拡張

ここで権兵衛が手がけた日清戦争後の海軍力の拡張について見てみよう。

伊藤内閣は、明治二十八年十二月開会の第九議会において、陸海軍備の拡張と整備をはかるための明治二十九年度予算案を提出した。

この予算案において陸軍は、第七と第十二師団の六個師団と騎兵二個師団、砲兵二個旅団の増設を行なうことにしていた。

明治二十九年三月三十一日、陸軍は平時編制を改正し、全国に近衛師団および十二個師団を置くことになり、徴兵令発令の際、当局が抱いていた六個師団の兵備はほぼ完成することになった。

一方海軍は、戦勝の結果、清国の艦艇大小十七隻を獲得したが、仮想敵国のロシアに対するには不十分だったため、新たに拡張計画を立て第九議会に提出し、多少の修正を経て可決された。

それによれば、明治二十九年以降七ヵ年で、継続費九千四百七十七万円をもって、大小艦艇五十四隻を建造するというものだった（第一期拡張）。

その後、さらに二隻の増加を第十議会に提出したことにより（第二期拡張）、明治二十九年度より三十八年度にわたる十ヵ年間に、甲鉄戦艦四隻（敷島、朝日、初瀬、三笠）をはじめ大小艦艇および雑船五十八隻を、継続費二億三百十万円をかけて建造することになった。

（4）日露戦争

明治三十六年（一九〇三）六月二十三日の御前会議に先立って、参謀本部はロシアに対して強硬策をとるための軍事情勢分析を行なった。

この結果、「戦うのは今が有利」との判断が出た。これを受けて六月二十二日、大山参謀総長は、「朝鮮問題を解決するは唯唯この時をしかりとす」との意見を天皇に上奏するとともに内閣にも提出した。

その主な根拠は、「極東露軍は量的に圧倒的ではなく、質的にもいちじるしく劣っており、日本海軍は極東のロシア艦隊に勝る」ことにあった。

日本陸軍は日清戦争以来の倍増計画の下、明治三十六年には、野戦十三個師団を基幹とする戦闘員約二十万人を整備していた。これに対して露軍の全兵力は、歩兵は百六十七万にのぼるものの、極東の兵力は日本陸軍の兵力を多少上回る程度だった。

日本海軍は、黄海海戦の教訓を活用した「六六艦隊」（戦艦六隻、装甲巡洋艦六隻）の建設を完成しつつあった。

日本海軍のそれまでの対露作戦研究は、守勢を前提としていたため、攻勢作戦の研究は、六月二十三日の御前会議からはじまった。

児玉源太郎参謀本部次長は、四十日間も参謀本部に泊まり込んで作戦計画を練り、山本権兵衛海相はみずから育てた六六艦隊による戦略に勝算をもとめて開戦劈頭の旅順口奇襲を決定した。権兵衛は東郷平八郎を常備艦隊司令長官に、次いで連合艦隊司令長官に任命するなどして、開戦に向けて万全を期した。

ところで、権兵衛が日高壮之丞に代えて東郷平八郎を連合艦隊司令長官にした理由について、後日、つぎのように語った。

「日高はわしより四つ年長であった。同じ鹿児島出身で二人の仲はきわめて親しかった。しかし日露戦争直前、彼が連合艦隊司令長官であったのを、わしが独断で当時の舞鶴鎮守府司令長官に更迭したので、その真意を解さぬ連中は、いろいろ非難めいたことを言ったり、世間に誤解も生んだようだ。……日高は生来研究心に富み才覚にも優れ、頭脳明晰でなかなかの傑物だった。……一言にして日高の性格を評するならば、どんな議論でもかならず一応は反対する癖があった。たとえばある目的には、向こうの柱だとしてわしは議論すると、きっと右に一尺違うか、左に二尺違うという異論を吹っかけてきて、参ったといわぬ性格だった」

果たして権兵衛が日高に向かって、「じつはこの際、君に代わってもらいたいのだが……」というと、日高の顔はみるみる蒼白となって、「なんだと、貴様は俺に死ねというのか」といった。そして剣を抜くと、「さぁ、これで俺を刺してくれ。それから俺を更迭せよ」と詰め寄った。

権兵衛は穏やかに、「なるほど貴様が怒るのはよくわかる。まことに気の毒千万であるが、お国のためにはおたがいに私情は棄てなければならない。その点よくわかってくれ」と諭した。

「それで後任は一体誰だ」と聞く日高に対して、権兵衛は「東郷だ」と答えた。

権兵衛が連合艦隊司令長官として東郷を当てた理由は、日高ではその直情径行の性格からして、中央の命令に対して独断で行動する恐れがあったからであった。

権兵衛は少尉のころ、扶桑艦に乗っていたことがあったが、ここで東郷と一緒になり、その性格をよく理解していた。二十日、官報に東郷の常備艦隊司令長官の任命が載った。

(5)「帝国国防論」の上奏

明治三十五年(一九〇二)十月二十八日、権兵衛は海軍を代表して「帝国国防論」を天皇に上奏した。権兵衛は佐藤鉄太郎海軍少佐(後に海軍中将)を英国と米国に派遣して、「海主陸従」の立場から国防政策の研究にあたらせ、「帝国国防論」を纏めさせた。

思想上、佐藤にもっとも影響をあたえた人物は、米国海軍提督で海軍史家のアルフレッド・マハンだった。

マハンは大海軍主義を唱え、海軍力が歴史を動かす一大要素であることを強調し、十九世紀から二十世紀はじめのアメリカの帝国主義発展の原動力となったと説いた。

佐藤鉄太郎によれば、日本は英国と同様に島国であり、島国である以上、「海主」であるのは当然であると説いた。

『伯爵山本権兵衛伝』には、「由来わが国防は中世以降陸主海従の風を馴致する久しきものありしが、この帝国国防論発表せらるるや海主陸従の世論勃興するに至れり」と記させるに至った。

(6)「六六艦隊」

［第一期・第二期拡張案］

第一期拡張予算は、明治二十九年度以降七ヵ年度継続費は、明治二十八年十二月、第九帝国議会に提出され、審議の結果、二十万三千四百四十円削減され、さらに修正が加えられて、総額九千四百七十七万六千二百四十五円八十四銭七厘とすることに決せられた。

第一期拡張案提出後、さらに有力な巡洋艦建造の必要が生じたため、明治二十九年五月、西郷海相は、第一期および第二期拡張計画に、さらに装甲巡洋艦二隻を追加する要求案を閣議に提出し、その承認を得た。

第一期、第二期を通しての海軍拡張費総額は、二億一千三百十万九百六十四円八十四銭一厘となり、明治二十九年度から三十八年度にわたる十ヵ年度継続費とすることになった。

〔第三期拡張案〕

明治三十五年十月二十八日、海軍大臣の山本権兵衛は、佐藤鉄太郎草稿による『帝国国防論』を上奏、世に発表した結果、「海主陸従」の世論が高まることになった。ちょうどその時期の十月二十七日、第三次拡張案が閣議に提出された。この拡張案は、当初一億五千万円をもって一等戦艦（一万五千トン）四隻、一等巡洋艦（一万トン）四隻、二等巡洋艦（四千五百トン）二隻の建造と陸上設備を賄わんとする内容であった。しかし財政状態に鑑み、総額一億一千五百万円をもって、一等戦艦三隻、一等巡洋艦三隻、二等巡洋艦二隻の建造と陸上設備を拡張する計画に修正されることになった。

山本が提出した第三期拡張案は閣議決定されたが、経費総額一億一千五百万円の中より将来の維持費を除き、総額九千九百八十六万三百五円二銭一厘と改められ、三十六年度以降、十一ヵ年度にわたる継続費として、明治三十五年十二月に開会の第十七帝国議会に提出された。

しかし、同議会は地租問題から解散となり、翌三十六年五月に特別召集された第十八帝国議会に再度提出され、成立を見た。この計画による建造艦艇は、戦艦香取、鹿島、扶桑、巡洋艦伊吹、榛名、霧島、砲艦鳥羽、駆逐艦浦風、江風（かわかぜ）であった。

明治三十六年十月、山本海相は、一等巡洋艦二隻の臨時購入（イタリアで建造中のアルゼンチン注文の装甲巡洋艦で、後に春日、日進と命名）と第三期拡張計画中の戦艦二隻（後に香取、鹿島と命名）の製造期限の繰り上げを提出し、承認を得た。

かくして明治三十七年（一九〇四）、日露開戦時の日本海軍の勢力は、戦艦六隻、装甲巡洋艦六隻、その他合わせて軍艦五十七隻、駆逐艦十九隻、水雷艇七十六隻、総計百五十二隻の二十六万四千八百六十一トンとなった。

4　大海軍への推進者・斎藤実

(1)　その人柄

平川祐弘氏の『平和の海と戦いの海』の中で、バーナード・ショウが昭和八年に来日した際の話が紹介されている。

斎藤実（まこと）（安政五年〈一八五八〉十月二十七日〜昭和十一年〈一九三六〉二月二十六日）に対するバーナード・ショウの第一印象はあまり良くなかったらしい。そこでショウは、駐日英国大使館員のジョージ・サンソムに、「どうも見たところ、害にもならない、名前ばかりの人のように思うが、それ以上の人物なのかね」と尋ねると、サンソムから、「いや、行政手腕は優れていますし、国民からも尊敬されています。その全キャリヤーを通しての特色は、きわめて健全な常識です」と言われてたしなめられたということである。

斎藤という人は、偉大なる常識人であった。

斎藤の海相時代、二度にわたって副官をつとめた山梨勝之進は、斎藤をつぎのように評している。

「山本権兵衛大将の前に立つと火が爛々と輝き、灼熱の太陽の前にある想いがする。加藤友三郎大将の前に立つと何物も一点の狂いもなく映し出す明鏡の前に立った想いがする。斎藤実大将は、美しいサロンに座し、香り高いウィスキーを杯に酌み、静かに語る想いがする」

斎藤実

頭脳が明晰な点においては、斎藤と加藤は甲乙が付け難い。しかし、この二人はものごとの進め方においては、いちじるしく異なっている。

加藤は剃刀のような鋭敏な洞察力によって一つの問題の本質を突いてしまう。俊敏な性格の人間の特徴としてグズグズと迂遠な道を歩いていることができない。すぐさまその結論のところへ行ってしまう。

ところで斎藤の場合は、その頭脳の良さから、早い段階で結論の所在をつかんでしまう。しかし斎藤は、その結論の方へ強引に突進することをあえてしない。じっと我慢して結論の事態がまとまってくるのを待つ。つまり寸毫も無理をしないで、なるべく自然にものごとが自分の考える方へ来るのを待つのである。

加藤は忍耐と宏量において斎藤に譲り、斎藤は勇気と颯爽ぶりにおいて加藤に譲るのである。斎藤のこの性格は、山本権兵衛の輔翼者として成功せしめた。またこのような斎藤の特性は、犬養内閣瓦解後の政局の担当者として、西園寺の目に止まった。

斎藤海相の副官をつとめた小林躋造（後に海軍大将）の斎藤評は、つぎのとおりである。

「斎藤さんの大臣室における様子を見ていると、山と積まれた書類を、みるみるうちに決裁してしまう。片っ端から『実』という字のサインをしてしまう。斎藤、加藤

（友）次官という二人の組み合わせは、ちょっと類のないものであった。この二人が何かの問題で対話しているという有様は、じつに太刀ぶり爽やかな名剣士の立ち会いを見ているようであった」

斎藤内閣の書記官長だった柴田善三郎によれば、斎藤は「ちょっと部屋を出るときでも、自分で扇風機のスウィッチを切ってゆくような人です」と言っている。斎藤の風貌からわれわれが想像するのと違って、実際は非常に几帳面な性格だったようである。

斎藤は海軍士官として身につけた習慣を終生貫いた。たとえば、風呂に入る時は自分の下帯をみずから洗い、自分の部屋に干した。そのためいつも風呂場には、小さなたらいが置いてあった。

斎藤は大変な酒豪であり、日々の晩酌では四本も飲んだ。海軍次官のころ、大臣の山本が夜の宴席に一切出ないこともあって、斎藤がいつも代わりに出席した。そのため芸者衆から斎藤は、「御前様」という尊称を奉られた。

斎藤は兵学寮時代の野生を深く蔵しながらも、士官時代の外国生活で素養を磨いた。

昭和二年のジュネーブ軍縮会議に全権として赴いた斎藤の暗殺を狙った、いわゆる「不逞鮮人」が捕らえられたというニュースが、同地の新聞に載った。その記事を読んだ米全権のギブソンが、「お怪我がなくて、よかったですね」というと、斎藤は平然として、"Oh, I am always assassinated"（私はいつも狙われています）と答えて、平然としていた。

昭和十一年二月初旬、柴田善三郎の家に、時の警視総監の小栗一雄がやってきた。「斎藤さんは気をつけないと危ないですよ。下手をすると、また青年将校が何をしでかすかも知れません。もしあるとすれば今度のほうが組織的ですよ」

この小栗の言葉に心配になった柴田は、斎藤に対して、「あなたの私邸は路地みたいなところですし、危険を避けるために官邸にお移りになられたらどうですか」というと、「なあに、殺される時はどこにいても殺されるよ」と答えた。

「それにしても大事をお取りにならなければいけませんね」と柴田が重ねて言うと、斎藤は、「殺されてもいいじゃないか」と答えたという。

(2) 斎藤実の生い立ち

斎藤が生まれたところは、西に秀峰駒ケ岳が毅然としてそびえ、東に北上川の巨川洋々として南に流れている岩手県水沢である。

江戸時代には、水沢城に仙台藩一門の伊達宗利が入り、以降、明治維新に至るまで水沢伊達氏の統治がつづいた。この東北の小都市から、幕末に『夢物語』を著した高野長英が出た。

斎藤の生家は鎌倉時代から連綿とつづいた武士の家系で、代々水沢藩に仕えた。明治維新以後は、祖父の高健（貞雄）、父の高庸（耕平）はともに寺子屋の師匠をしていた。

斎藤の手記には、つぎのように記されている。

「祖父の代より公務の余暇に同家中の子弟に読書習字の教授をしつつありしをもって、最初より父の膝下で修学せり。而して当時の目的は年齢十歳までに四書五経の素読を完了するにありしが、あたかも十歳にしてこれを了したる時、戊辰の事起こり、父は職務をもって出張する事となりたるをもって、親戚の篤学者氏家深之丞翁に学事を託すること一年半余、明治二年に至り、胆沢県庁を水沢に置かるるや、旧主の設立に係わる立生館において漢学を修むるの道開け、約一年半、同館に出入りせり」

父耕平の富五郎（実）に対する薫陶は厳しいもので、三度教えてもわからなければ教え子たちがいる前でも構わず、竹の鞭で容赦なく叩いた。

富五郎は厳格な父とやさしい母菊治の間の子として、安政五年十月二十七日に生まれた。

生家は水沢城の南側を西から東へ通ずる吉小路の西端にあった。ここは水沢藩の武家屋敷で、高野長英の家も、後藤新平の生家も、ともにここにあった。斎藤の生家は、五百三十八坪の相当広い侍屋敷だった。

明治二年版籍奉還にともなって、水沢に丹沢県庁が設けられ権知事武田敬孝、大参事安場保和、小参事野田裕通以下の役人が赴任した。武田は宇和島藩士で、安場と野田は熊本藩士だった。

県内事情に疎い知事や参事たちは事務に通じていなかったため、水沢藩の者を数名雇い入れ、さらに旧藩の家老を県の補佐役として登用した。

後藤新平と斎藤富五郎（実）は書生として、県庁に勤めることになった。後藤は岡田権小属（後に阿川光裕）、斎藤少年は野田小参事に仕えた。

明治三年一月、陸前栗原郡金成町に胆沢県出張所が置かれ、野田小参事がその長として赴任する際、富五郎はこれに随行した。

金成町は水沢を隔てること南方に十里のところにあり、奥州街道の要衝であった。野田は富五郎を可愛がり、富五郎が両親に宛てて書く際には、その手紙の書き方を教えた。やがて富五郎は野田の推薦で、県庁の給仕として採用された。月給は一円五十銭か二円ぐらいで、当時はビタ銭といわれたものを刺し通して百文ずつ束ねていた。毎月の俸給は一人では持てないため、他人に手伝ってもらった。

明治三年十月四日、県庁内の監獄から出火し、大騒ぎになったが、富五郎はさっそく現場に駆けつけて、機転を利かせてロウソクに火をつけ方々に置いたため、書類の片付けに大いに役立った。この富五郎の働きに対して、知事はつぎのような賞状をあたえた。

「そのほう事、去る四日夜、近辺出火のみぎり、幼少ながら諸人に先立ち庁中に馳つけ、それぞれ手配行き届け候段奇特につき、目録この通り下賜候事。胆沢県」

このように富五郎は、とても気働きの利く少年だった。晩年の斎藤の写真を見ると穏やかな面立ちをしているが、頭の回転のきわめてシャープな優秀な海軍軍人だった。

明治四年十二月、胆沢県が廃されて、水沢県が置かれた。このとき大参事嘉悦氏房が廃官となって東京に行くことになった。富五郎はこの機会に東京に出ることを勧められ、ついに嘉悦一行について東京へ発った。

明治六年二月、富五郎は陸軍幼年学校の生徒募集を知り入学試験を受けた。採用人数が二十名ところ、富五郎は二一番だったため、「私費入学を希望するなら入学を許可す」という通報だった。もとより私費で修学するのは不可能であったため辞退した。

ところが同年五月、海軍兵学寮の生徒募集があることを知り、九月にここの入学試験を受けたところ合格し、十月二日、海軍兵学寮予科の生徒になった。

兵学寮の予科から本科へ移ったころ、「富五郎」という名前を改めて「実」とした。それは「富五郎」という名前はいかにも博徒の親分のようだからだった。事実、生徒の間から、「奥州無宿の親分」というニックネームをもらって、本人も気にしていた。また本科生徒になったころ、乾行艦に乗り組んできた水兵の中に、「斎藤富五郎」という同姓同名のものがいたため、不都合になった。

明治十二年七月、斎藤実は兵学寮を卒業した。一番は山内萬寿治、二番が坂本駿篤、斎藤は三番だった。

八月九日、斎藤は海軍少尉になった。斎藤は、明治十七年（一八八四）以来、新官制が敷かれるとかならずその一員となるほど、有能な海軍将校だった。この年、斎藤は二十七歳になり、中尉に任官した。またこの年、斎藤は海軍軍令部ができるとそこへ出仕となり、米国公使館付き武官が創設されると、一番に任命された。

明治十九年三月、斎藤は参謀本部海軍部の出仕となり、海軍大尉になった。この年の八月、ワシントンで西郷従道海相一行を迎え、九月に西郷海相一行とともに渡欧してイギリス視察を行ない、つづいてフランスを視察し、その後、単身イタリア旅行をした。

明治二十年、斎藤は三十歳になった。この年一月、ベルリンで西郷海相一行と再会し、二月にリバプールから黒田清隆内閣顧問一行と同船して帰米し、三月にワシントンに戻った。同年十一月には、樺山資紀海軍次官の一行を出迎え、米国各地を案内した。

明治二十一年、斎藤は三十一歳を迎えた。この年二月に帰朝し、海軍参謀本部第一局に勤務となった。明治二十四年、三十四歳になった斎藤の勤務は、七月に海軍参謀部と名称が改定され、十二月に海軍参謀部第三課員になった。

翌明治二十五年、斎藤は三十五歳となった。この年二月、斎藤は、仁礼景範の長女の春子と結婚した。

斎藤は明治十五年、二十五歳で少尉に任官して以来、他の将官のように艦長や副長、艦隊作戦参謀、砲術長などの経歴はあるにはあるが、軍政畑が圧倒的に多い。

斎藤は中佐、大佐の短期間で異例の昇進をした。

明治三十一年十一月、第一次大隈重信内閣が退いて第二次山県有朋内閣が成立すると、西郷従道が内相となり、軍務局長であった山本権兵衛が一躍海軍大臣になった。その山本は斎藤を抜擢して、海軍次官に据えた。斎藤が四十一歳の時であった。

ところで、斎藤と権兵衛は因縁浅からぬものがあった。斎藤は、海軍兵学寮時代から権兵衛をよく知っていた。斎藤が米国駐在時代、権兵衛が伊東祐亨大佐(後の元帥)に従って浪速回航のため英国へ行く途中に米国を通っていった時にはニューヨークを案内した。また、樺山次官一行が欧州旅行をした時にも斎藤は随行したが、その一行の中に、権兵衛がいた。

遡って明治二十二年の大演習の際、権兵衛と斎藤は審判官陪従として一緒だった。

さらに艤装中の高雄に権兵衛少佐が艦長心得となると、斎藤は砲術長兼水雷長、分隊長として乗り組み、三ヵ月間、艤装の仕事に従事した。

こうして斎藤と権兵衛の親密度は増していった。翌二十三年、斎藤が常備艦隊参謀として高千穂に乗った際は、権兵衛はこの艦の艦長であり、九ヵ月間、艦上生活を共にした。

明治二十四年六月、権兵衛が海軍大臣官房主事となると、七月、斎藤は海軍参謀部出仕として本省入りをした。日清戦争時代、広島大本営勤務の際には、権兵衛は海軍大臣副官、斎藤は侍従武官として日夜顔を合わせた。

（3）海相就任

斎藤は、七年二ヵ月にわたって海軍次官として山本海相を助けた。そして斎藤は山本から日本海軍を受け継ぎ、東洋の海軍から世界の海軍へ飛躍させた。

斎藤が海相として在任した期間は、明治三十九年一月から大正三年四月までのじつに八年三ヵ月の長きにわたってであり、第一次西園寺内閣、第二次桂内閣、第二次西園寺内閣、第三次桂内閣、第一次山本内閣の五代に海相をつとめた。

斎藤が海相に就任時に、日本海軍において建造中、もしくは建造に着手しようとしていた主力艦は、つぎのようなものだった。

戦艦四隻

香取	一五九五〇トン	（第三期拡張計画）	三十八年七月	英国にて進水
鹿島	一六四〇〇トン	（同右）	三十八年三月	英国にて進水
薩摩	一九三五〇トン	（戦役中補充計画）	三十八年五月	横須賀にて起工
安芸	一九八〇〇トン	（同右）	三十九年春	呉にて起工予定

装甲巡洋艦

筑波	一三七五〇トン	（戦役中補充計画）	三十八年十二月	呉にて進水

生駒　一三七五〇トン（同右）　三十八年三月　呉にて進水
伊吹　一四六〇〇トン（同右）　三十八年八月　横須賀にて起工
二等巡洋艦一隻
利根　四一〇〇トン（戦役中補充計画）　三十八年十一月　佐世保にて起工予定

右の艦艇が完成すれば、約十三万トンが新たに加わり、さらにロシアからの戦利艦約十万トンも加わることになっていることで、日露戦争前の十九万トンから、一躍四十万トンを超えることが見込まれた。
しかしながら、欧米列強の建艦競争の激化によって、日本海軍としても新たな建艦計画を立てる必要に迫られることになった。

(4) 斎藤海相による海軍力整備

斎藤は、明治三十九年九月末、艦艇三十一隻の新造を中心とする「海軍整備の儀」を閣議に提出した。

戦艦　約二〇〇〇〇トン　一隻（三隻）

装甲巡洋艦　約一八〇〇〇トン　三隻（四隻）
二等巡洋艦　約四五〇〇トン　三隻（三隻）
大型駆逐艦　約九〇〇トン　六隻（六隻）
駆逐艦　約四〇〇トン　十二隻（二十四隻）
潜水艦　六隻（六隻）
計　三十一隻（四十六隻）

じつは斎藤が最初意図した計画艦艇は、下の（　）内の数であったが、日露戦争後の財政困難のため、そのような膨大な計画の達成は不可能であることから、右の計画に落ち着くことになった。

明治四十年度より四十六年度までの七ヵ年継続費として、総額七千六百五十七万七千百二円とすることで閣議決定され、明治三十九年十二月開会の第二十三回帝国議会に提出され、承認を見た。

明治四十二年十二月、日本艦隊の勢力は、つぎのようなものだった。

戦艦　十二隻　富士、敷島、朝日、三笠、*相模、*肥前、*周防、*石見、*丹後、鹿島、香取、薩摩

同建造中　三隻　安芸、河内、摂津
同計画中　一隻
装甲巡洋艦　十二隻　浅間、常盤、八雲、吾妻、出雲、磐手、日進、春日、＊阿蘇、
筑波、生駒、伊吹
同建造中　一隻　鞍馬
同計画中　三隻
（＊はロシアからの戦利品）

（5）新海軍充実計画と財政難

日本海軍としては、明治四十三年以降、新たな充実計画を練ることになり、五月十三日、斎藤海相より桂首相に対して、海軍充実案が提出された。

第二次桂内閣において、斎藤海相提案の海軍充実計画は実行されず、それに代わるものとして、繰り延べられた既定計画の残余を繰り上げ、艦型改更に要する費用として、八千二百二十二万三千百七十円が計上されることになった。この予算は、明治四十三年十二月開会の第二十七議会で協賛が得られ、この結果、戦艦扶桑、巡洋戦艦金剛、比叡、榛名、霧島の五隻の弩級戦艦が起工された。

斎藤は、「四十四年に至り艦艇の現状と四囲の状況に鑑み、最早主力艦の建造を行なわざれば、国防の将来に困難を感ずるに至りたるをもって、明治四十四年之の閣議に提出し、是非とも四十五年より建造着手の止みがたきを論じ」として、桂内閣時代実行されなかった充実計画を再び取り上げて、西園寺首相に提出した。

しかし財政の困難から、この計画はすぐには提出されなかった。十一月末に開かれた明治四十五年度予算の閣議の結果、充実計画中、最も必要とする戦艦三隻の建造に要する費用の九千万円を、来る四十六年以降の予算に計上することとし、その残りは四十九年度以降に計上することになった。

そして、その九千万円の年度割りは、政府一般を通じて断行される行政整理の結果を待つことになった。

大正元年（一九一二）十一月五日、斎藤は、「海軍軍備緊急充実計画実施の儀」を西園寺首相に提出したが、閣議の容れるところとならなかった。

結局、前年度の閣議決定に基づき、五ヵ年継続費として総額八千万円を計上する案に落ち着くことになった。そして、大正二年度予算にそのうちの一千五百万円を計上することで内定を見た。

斎藤は西園寺内閣の海相となって、新たに伯楽を得た。新しい伯楽の西園寺公望の下に、斎藤は二度にわたって海相をつとめ、西園寺の信頼を得た。ここで得た信頼によって、後年、斎藤は大命降下によって首相に指名された。

また、第二次西園寺内閣には、内相として同じ岩手県出身の原敬がいた。原は、後に斎藤を朝鮮総督に任命した。

斎藤は海軍省軍務局長だった加藤友三郎を、海軍次官に登用した。この年、斎藤は四十九歳。そして春子夫人は三十四歳だった。そして友人の豊川良平の子・斉九歳を養子にもらった。

第一次西園寺内閣は、明治四十一年七月に瓦解し、第二次桂内閣となり、斎藤は寺内正毅陸相とともに留任した。この内閣には斎藤とは竹馬の友だった後藤新平が逓相として入閣した。

第二次桂内閣時代、明治四十二年十月に伊藤博文がハルピン駅頭で暗殺され、翌四十三年八月に日韓併合が行なわれ、寺内が初代朝鮮総督に任ぜられた。

日本海軍では、明治四十二年十二月、部内の大移動を行なった。軍令部長の東郷が退いて軍事参議官となり、第一艦隊司令長官伊集院五郎がその跡を継ぎ、藤井較一中将が軍令部次長となり、次官の加藤友三郎が呉鎮守府司令長官に転出し、財部彪が次官に就任した。

明治四十四年八月、第二次桂内閣が瓦解し、第二次西園寺内閣に代わった。斎藤はこの内閣にも留任した。陸相には石本新六中将、内相に原敬、外相に内田康哉、蔵相に山本達雄だった。

明治四十五年七月、明治天皇が崩御された。

斎藤は、この大正元年（一九一二）十二月に成立する第三次桂内閣の組閣に際して、海軍充実計画承認の約束がない限り協力できないという態度だったが、二十一日の親任式に先立って、斎藤に対して留任せよとの優諚が降下した。

後年、斎藤は、政治評論家の馬場恒吾に対して、つぎのように語っている。

馬場「第三次桂内閣にあなたが海軍大臣に留任された時、詔勅を賜ったことがありますが、あの当時も海軍部内に強硬派というものがあったのですか」

斎藤「それはまったく違う。あの当時の補充計画というものは大将以下海軍全体の意見であったのです。私はリューマチで寝ている始末で、そこへ桂から呼ばれて、海軍大臣として留任してくれという話なんです。私は病気である上に海軍補充計画が承認されなければ、留任できないと言ったのです。すると桂は、今度は若槻を大蔵大臣にする。予算のことは若槻をやるからよく話を聞いてくれというのであった。私は家に帰って寝ていると若槻が来て、桂から言われて、あなたに財政当局者としての意見を申し上げに来た、というのである。私は若槻に、それは聞かないほうがよい。いろいろ理屈を聞けば、私が負ける虞があるからと言った」

(6) 海軍力充実への深まる焦慮

大正二年十一月、斎藤は海軍拡張に関する覚書を、時の山本権兵衛首相に送った。十一月二十七日、海軍原案の三億五千万円は閣議の認めるところとならず、一億五千四百万円（大正八年度まで六ヵ年継続費）の軍備補充費を第三十一議会に追加要求することで決定を見た。

前年度協賛済みの六百万円と合わせて一億六千万円で建造されるべき艦艇は、当初の計画と比較すれば、つぎのように劣勢となるのであった。

	「三億五千万円に対する隻数」	「一億六千万円に対する隻数」
戦艦	七隻	四隻
巡洋戦艦	二隻	○隻
巡洋艦	五隻	○隻
特務艦	二隻	○隻

駆逐艦　　二十六隻　　十六隻
潜水艦　　十隻　　六隻

斎藤が海相在任中（明治三十九年一月～大正三年四月）に竣工した主力艦を挙げると、つぎのとおりである。

［艦名］	［艦種］	［所属計画］	［排水量トン］	［速力ノット］	［建造場所］
［竣工年度］					
明治三十九年					
香取	戦艦	第三期拡張計画	一五九五〇	十九	英国
鹿島	戦艦	第三期拡張計画	一六四〇〇	十九	英国
明治四十年					
筑波	巡洋艦	日露戦役補充計画	一三七五〇	二十	呉工廠
明治四十一年					
生駒	巡洋艦	日露戦役補充計画	一三七五〇	二十	呉工廠
明治四十二年					
伊吹	巡洋艦	第三期拡張計画	一四六〇〇	二十二	呉工廠

明治四十三年
薩摩　戦艦　日露戦役補充計画　一九三五〇　十八　横須賀工廠
利根　巡洋艦　日露戦役補充計画　四一〇〇　二十三　佐世保工廠
明治四十四年
鞍馬　巡洋艦　日露戦役補充計画　一四六〇〇　二十一　横須賀工廠
安芸　戦艦　日露戦役補充計画　一九八〇〇　二十　呉工廠
明治四十五年
河内　戦艦　三十九年整備計画(補充基金)二〇〇〇〇　二十　横須賀工廠
摂津　戦艦　三十九年整備計画(補充計画)二〇八〇〇　二十　呉工廠
筑摩　巡洋艦　三十九年整備計画(補充計画)四九五〇　二十六　佐世保工廠
矢矧　巡洋艦　三十九年整備計画(補充計画)四九五〇　二十六　長崎三菱造船所
平戸　巡洋艦　三十九年整備計画(補充計画)四九五〇　二十六　神戸川崎造船所
大正二年
金剛　巡洋戦艦　四十三年艦型改更　二七五〇〇　二十七　英国

＊工事中の艦艇

[竣工年度]						
大正三年						
	比叡	巡洋艦	四十三年艦型改更	二七五〇〇	二十七	横須賀工廠
大正四年						
	榛名	巡洋戦艦	四十三年艦型改更	二七五〇〇	二十七	神戸川崎造船所
	霧島	巡洋戦艦	四十三年艦型改更	二七五〇〇	二十七	長崎三菱造船所
	扶桑	戦艦	四十三年艦型改更	三〇六〇〇	二十二	呉工廠
大正六年						
	山城	戦艦	斎藤海相時代新計画	三〇六〇〇	二十二	横須賀港工廠
	伊勢	戦艦	斎藤海相時代新計画	三一二六〇	二十三	神戸川崎造船所

大正七年
日向　戦艦　斎藤海相時代新計画　三一二六〇　二十三　長崎三菱造船所

大正二年（一九一三）末における列強主力艦勢力の比較は、つぎのとおりだった。

明治四十年（一九〇七）末においては、英、仏、米、独、日、伊の順であったが、ドイツのアメリカの激烈な建艦競争の結果、順位は、英、独、米、仏、日、露、伊、墺の順となった。

	［戦艦］		［装甲巡洋艦］	
	［現存］	［建造中］	［現存］	［建造中］
英	五十八隻	十四隻	四十三隻	一隻
独	三十三隻	六隻	二隻	〇隻
米	三十四隻	五隻	五隻	〇隻
仏	二十隻	九隻	四隻	〇隻
日	十隻	二隻	十四隻	三隻
露	八隻	七隻	六隻	四隻

伊	九隻	九隻	九隻	○隻
墺	十四隻	二隻	二隻	○隻

また、ドレッドノート型新鋭艦のみによる比較は、つぎのとおりである。

	[現存]	[建造中]	[計画中]	[計]
英	二十九隻（六〇万トン）	十五隻（四〇万トン）	四隻（一一万トン）	四十八隻（一一一万トン）
独	十七隻（三八万トン）	九隻（二五万トン）	二隻（五万トン）	二十八隻（六八万トン）
米	九隻（一九・五万トン）	五隻（一四・五万トン）	二隻（六万トン）	十六隻（四〇万トン）
仏	八隻（二五・五万トン）	九隻（二二万トン）	○隻（○万トン）	十七隻（四七・五万トン）
日	五隻（一一万トン）	五隻（一四万トン）	二隻（六万トン）	十二隻（三一万トン）
露	二隻	十一隻	○隻	十三隻

（三・五万トン）　（一九万トン）　（〇万トン）　（三二・五万トン）
伊　一隻　九隻　〇隻　一〇隻
（二万トン）　（一三万トン）　（〇万トン）　（一五万トン）
墺　二隻　二隻　四隻　八隻
（四万トン）　（四万トン）　（一〇万トン）　（一八万トン）

（7）「八八艦隊」建設へ

当時、日本海軍所有の戦艦四隻（扶桑、山城、伊勢、日向）、および巡洋戦艦四隻（金剛、比叡、榛名、霧島）は、日本海軍が目標としていた八八艦隊実現のための第一歩であった。

大正三年（一九一四）三月二十四日、突発したシーメンス事件の責任を負って、山本権兵衛内閣は総辞職した。

四月十六日、第二次大隈内閣が成立し、海相も斎藤から八代六郎海軍中将が就任した。

日本海軍は、大正二年度成立の六百万円によって建造に着手した戦艦三隻の建造を続行させる必要から、大正三年度軍艦製造所要額として、六百五十余万円の予算案を、大正三年の第三十三臨時議会に提出して、議会の協賛を得た。

(8) シーメンス事件の発生

日清戦争後、明治三十一年に海軍大臣になった山本権兵衛は、第二次山県内閣、第四次伊藤内閣、第一次桂内閣と、三代にわたって海相をつとめた。

日露戦争が終わった翌年の明治三十九年一月、桂内閣が倒れた際、山本は海相の椅子を斎藤に譲った。

その斎藤は、海相として五代の内閣に八年間の永きにわたって在任した。日本海軍は、山本と斎藤によって、軍政と人事が掌握された。

大正二年二月十一日、桂内閣は前年十二月二十一日に成立してからわずか五十日余りで崩壊した。

この日、宮中で元老会議が開催された。西園寺公望も元老としてはじめて出席した。元老会議で後継首相として西園寺が推されたが、西園寺はこれを辞退し、反対に西園寺が山本を推薦したところ、これが通った。

山本は政友会が閣僚を送って援助してくれることを条件に、組閣を引き受けた。政友会から入閣したのは、原内相、松田法相、元田逓信相の三人で、党外から任命された高橋是清蔵相、山本達雄農商相、奥田義人文相は政友会に入党し、木越安綱陸相と斎藤実海相は留任した。

大正三年十一月二十三日の新聞は、ロイター通信の電報として、ベルリン地方裁判所で、シーメンス・シュッケルト電気会社の東京支店社員のカール・リヒテルが、恐喝罪で懲役二年の判決を受けたことを報じた。

そのリヒテルは、東京支社から日本海軍高官に贈賄したことを示す書類を盗み出して、恐喝の種とした。

一月二十八日、日本海軍内に査問委員会が設けられた。そして、沢崎寛猛海軍大佐と藤井光五郎機関少将が贈収賄容疑で、軍法会議にかけられた。

つづいて軍艦金剛の建造に絡んで、イギリスのヴィッカース社から三井物産を仲介として収賄した事件が発覚して、三井物産の重役の岩原謙三らが検挙された。

この事件が起こるや、国民の山本に対する憤懣は頂点に達し、山本内閣は一年二ヵ月で潰れてしまった。

この時、ワシントン海軍軍縮会議で全権をつとめ、日米不戦の方針を確立する加藤友三郎は、第一艦隊司令長官として、旗艦金剛に乗っていた。加藤にとっては、たまたま中央の政治から遠ざかっていたことが幸いした。

5　シーメンス事件後の日本海軍を再建・八代六郎

(1) 八代六郎の生い立ち

八代六郎(万延元年〈一八六〇〉一月三日～昭和五年〈一九三〇〉六月三十日)の出身は愛知県・尾張犬山藩である。明治のころは、俗に「陸の長州、海の薩摩」といわれていた。陸軍は山口出身、海軍は鹿児島出身でないと出世はできぬといわれていた。

八代六郎

日清・日露戦争のころの西郷従道海相、樺山資紀海軍軍令部長、伊東祐亨連合艦隊司令長官・軍令部長、東郷平八郎連合艦隊司令長官、伊集院五郎海軍軍令部次長、山本権兵衛海相、片岡七郎第三艦隊司令長官、上村彦之丞第二艦隊司令長官、伊地知彦次郎三笠艦長たちはみな鹿児島出身だった。

そんな中で八代は、薩長を外れた愛知出身でありながら海軍大将になり、海相としてシーメンス事件で大きく動揺した日本海軍を建て直し、男爵にまでなった。

八代は勇猛豪胆でありながら、清廉潔白、しかも瑣末なことにはこだわらないが、重要な点はしっかりと押さえることができた人物だった。

大尉のころ、ロシア駐在を命ぜられた。ウラジオストクに渡って約三年間、ロシア語を学び、その後、ロシア公使館、ドイツ公使館付になった。

日清戦争が終わって二年した時、英国に発注した日本海軍初の甲鉄艦富士と八島が完成し、日本に回航されてきた。

八島の幹部には選り抜きの士官を乗り組ませた。中甲板士官に山梨勝之進中尉（後に大将）、上甲板士官に野村吉三郎少尉（後に大将）、そして副長として八代六郎中佐だった。

八代副長は、総員を集めて訓示をした。

「軍艦八島は日本一の艦だ。したがってこれに乗っている人は、日本一ばかりである。……その中で唯一つの例外が私である。これは日本一まずい副長だ。だが取り柄はある。俺はこの艦に来る時、墓を青山墓地に造ってきた。いつでも墓に入る用意をして艦に来た。これが俺の取り柄である。他には何の取り柄もない。だから全部諸君に頼る。いいか、頼んだよ」

このようにいわれて乗組員が奮励しないわけがない。八島の士気は大いに上がった。

転勤を命じられて、退艦の挨拶に行った山梨中尉に八代副長は語った。

「小事にあくせくしては駄目だよ。大事なことをしっかり押さえておけば、それでいい」

(2) 風流提督

日露戦争では、八代大佐は装甲巡洋艦浅間の艦長として出陣した。浅間は九千八百五十トン、速力二十一ノット半の英国製で、上村彦之丞中将の率いる第二艦隊高速部隊の主力だった。

開戦劈頭、浅間は陸軍部隊を朝鮮西岸の仁川に揚げる作戦で、陸軍輸送船三隻の直接護衛としての任務についた。

仁川港には、露艦二隻と一千二百トンの砲艦がいた。日本軍輸送部隊が港に近づくと、露砲艦が近づいてきた。そこで八代は、露艦と船団の間に割って入って、みずから楯となった。

翌日、陸軍部隊を揚陸させた輸送部隊は、一転して露艦に戦闘を挑んだ。浅間はほとんど単独で露巡洋艦を砲撃して、二隻とも撃沈した。

なお、この仁川沖海戦の前夜、尺八の名手の八代が一曲吹いて、初陣で眠れぬ将兵の心を落ち着かせた。このため世間は八代をして「風流提督」と評した。

(3) シーメンス事件を終息

山本内閣がシーメンス事件で倒壊したため、元老たちは後継首班を誰にするかについて相談した。

最初の候補者は、貴族院議員の徳川家達だった。ところが元老の山県有朋は、その直系であり、貴族院における山県勢力の総元締めである清浦奎吾を首相にしたいと思っていた。

組閣の大命を拝した清浦は、政党方面に対する気兼ねと警戒心から、「超然内閣」という看板を掲げ、外相に内田康哉、蔵相荒井堅太郎など、主として貴族院方面から閣僚を選考した。陸相に岡市之進を内定し、海相に加藤友三郎を当てることを決定した。

海軍側は、加藤を海相として送り出すにあたっては、山本内閣の時に不成立になった海軍充実計画を実現するため、新内閣が臨時議会を召集して予算を成立させることを条件につけた。しかし蔵相候補の荒井は、海軍充実計画を実現しようとすれば巨額な財政負担になるとして同意しなかった。一方、政友会と同志会は、「清浦超然内閣の否認」を強調して、この内閣の実現を阻止しようとした。

結局、清浦が内閣を投げ出したため、元老たちは改めて首相候補を選考した結果、元老井上馨の提案によって、大隈重信を首相に推薦することにした。

大隈内閣では、副総理格の外相に加藤高明、蔵相に若槻礼次郎など、同士会の官僚派が要職を占めた。大隈は、海相に清廉な武人として知られている八代六郎を起用することにした。

外相の加藤高明は愛知出身であり、八代とは旧知の間柄だった。以前、加藤高明は八代に対して、「誰かの内閣ができて、自分が君を推薦したら、ぜひ受諾するように」と人を介して話したことがあった。

加藤高明としては、ようやくその時が来たと考え、海軍省に対して、舞鶴要港部司令官（舞鶴は日露戦争後、いったん要港部に格下げ）であった八代中将に対して、会談をしたいため上京してほしい旨申し入れた。

これに対して海軍省では、加藤高明の頼みごとは八代の海相取りだと直感して、八代を上京はさせるが入閣はペンディングにすることにした。このため人をやって上京した八代を新橋駅で捕まえて、まず海軍省へ連れて来ようとした。

しかし、八代は新橋駅に着くと、海軍省の意見を振り切って、まっすぐに加藤高明の所に向かい、海相を受諾してしまった。

当時の海軍は山本内閣がシーメンス事件で潰れた直後だったため、加藤友三郎が海軍拡張計画を持ち出して、清浦内閣を流産させたことに、世評は批判的だった。大隈は世間一般に人気があった。その大隈の組閣を海軍が再び流産させれば、海軍に対する風当たりは一層増すと考えられた。八代の海相受諾に、海軍側があえて異を唱えなかった背景には、こうした事情があった。

大正三年(一九一四)四月十六日、八代は正式に海軍大臣に就任した。

八代はさっそく、「山本・斎藤の両大将には、遺憾ながら待命をお願いするしだいである。これまでの両大将の功績は抜群であっても、海軍の名誉には代えられない」として、四月十七日付で両大将を待命にして、五月一日付で、予備役とした。

「海軍の人事は海軍大臣の専権事項である」とは、山本権兵衛海相時代に確立された方針だった。山本・斎藤の予備役の報を聞いて、「海軍の功労者を首にするのは何事ぞ」と憤慨して海軍大臣室にやってきた長老の井上良馨と東郷平八郎の両元帥だったが、八代の説明に引き上げざるを得なかった。

当時、副官をしていた山梨勝之進は、つぎのように回顧している。

「私は山本・斎藤両閣下に副官として仕えたので、お二人が清廉潔白なことは人一倍よく知っていた。議会で島田議員から攻撃されても一言も弁解されなかったので、歯がゆくて堪らず、山本閣下を私邸に訪ね忠告したところ、閣下はニッコリして、『山梨、厚意はありがたいが、自分が抗弁や弁解をすると、かえって人は一層疑いをかけるものだ。こんな時はジッと我慢をして、百年河清を待つ心境である』といわれた」

事件当時、検事総長だった平沼騏一郎は、「(山本権兵衛反対派の)有力者は山県有朋で、何とか山本を失脚させようとしていた。山県の目の上の瘤は山本である。……調べてみると、山本は一文も取っていない。島田三郎議員が泥棒呼ばわりをしたが、よく山本は耐えた」と、その回顧録の中で語っていた。

日本の政局は混乱がつづいたが、大正三年(一九一四)七月、第一次世界大戦が勃発して、八月二十三日、日本は対独参戦を宣言した。世界大戦が、日本海軍を汚職の不名誉から救った。

(4) 防務会議

従来、内閣交代ごとに国防計画が大きな影響を受けてきたことに対する反省から、大隈内閣は、大正三年六月二十三日、「防務会議」を設置することにした。防務会議は、首相を議長とし、これに外相、蔵相、陸相、海相、参謀総長、軍令部長で構成された。

この会議規則の第一条には、「陸海軍軍備の施設に関し、重要なる事項を審議す」と記されていた。

大正二年六月、陸海軍省官制を改正して、現役以外の大、中将でも陸海軍大臣となりうることとを併せて、立憲政治の確立を目指した制度改革だったが、軍部の抵抗のため、竜頭蛇尾に終わった。しかし、防務会議は、軍備施策に関して、「八八艦隊」を目指す過程の「八四艦隊」の足がかりとなる、軍艦建造の継続費一千百九十万円を可決した。

防務会議には、陸海軍の国防方針や統帥部の方針を統一調整する役割はあたえられておらず、軍縮の時代になると有名無実なものとなり、大正十一年（一九二二）九月、廃止されることになった。

「八八艦隊」建造計画が成立した大正九年の時点での、国家予算は十五億四百万円で、うち海軍予算は三億九千八百万円、陸軍予算と合わせると軍事費の比率は四十二パーセントに達した。かりに八八艦隊が完成した場合の維持費が六億円かかると考えれば、八八艦隊は現実離れした計画であったといわざるを得ない。

6　海軍良識派の中核・加藤友三郎

(1) 怜悧な頭脳

昭和六十年に刊行された財団法人水交会編の『回想の日本海軍』の中で、山梨勝之進の加藤友三郎（文久〈一八六一〉二月二十二日～大正十二年〈一九二三〉八月二十四日）のエピソードが所載されている。

「松本蒸治という商法の大家があった。今は亡き小泉信三先生の義兄弟だった。……この人が加藤さんが総理大臣だった時の書記官長だった。私は少々親しくしていたが、ある時、この松本さんが、『山梨さん、君らの先輩の加藤総理大臣という人は驚くべき人だ。私は法律家だ。生まれると同時に法律屋なんで、夜、寝言を言っても言うことは法律になっている。ところが君のところの海軍さんの総理大臣の加藤さんは海軍士官で船乗りで法律家でもなんでもない。ところがあの人は、総理として、閣議の席で言うことは、ただの一言も不足はない。言うことを筆記すると、そのまま法律になる。驚いた人だ。何と言う偉い人だろう』こういうことを、松本蒸治博士が私に話したことがある」

もう一つの話も、山梨は紹介している。

「また戦後、衆議院議長をした船田中氏は、『加藤さんという人は、長生きをしていたら元老になる人だ。唯一の元老になるべき素質の人だ。総理の時、自分は書記官だったが驚くべき偉い人だ』と言っている」

海軍の充実と部内の粛清は八代の手で解決された。その後の内閣改造を機に、大正四年（一九一五）八月十日、無風状態の中で八代に代わって加藤友三郎が海相になった。

大正五年、大隈内閣の後を受けた寺内正毅新首相は、加藤の海相留任を強く望んだ。天皇の言葉もあって、加藤は寺内内閣に留任することにした。大正七年九月二十九日、寺内に代わって原内閣が成立した。またもや加藤は天皇の言葉を受けて留任した。大隈改造内閣ではじめて海相になった加藤は、以後寺内、原、そして原首相暗殺後は高橋是清内閣と、四代にわたって歴任した。

しかし、海相時代の加藤は、政党とは無縁だった。閣議においても海軍関係以外のことには、いっさい口を挟まなかった。

原と加藤は、首相と海相という間柄になるまでは、あまり親しくなかったが、人物眼の鋭い原は、「加藤という人は、平素は黙っているが、何事も正確な判断で結論を出す恐ろしい人間だ」と敬服していた。

一方、加藤も原を評して、「俺は大抵の人との議論は負けないが、原さんの話にはどうかすると負けてしまうことがある」と言っていた。

(2) ドグマ化する対米七割の比率主義

当時のアメリカ海軍の仮想敵国は、ラテンアメリカに食指を動かしていたドイツだった。

ルーズベルトは、明治三十三年(一九〇〇)二月、ドイツの第二艦隊法(戦艦三十八隻、大型巡洋艦十四隻、小型巡洋艦三十八隻)に対抗すべく、"Second only to Britain"を実行しようとしていた。

アメリカ海軍で明治三十七年(一九〇四)に作成された「カラープラン」における「オレンジ(日本)プラン」にしても、他の列強に対するプランと並列的に考えられていたに過ぎなかった。

日露戦争において日本海軍はロシア艦隊を壊滅させたのであり、また日本と英国とは同盟関係であったことを考えるならば、日本にとって現実味のある仮想敵国は見当たらなかったといえる。

このように考えるならば、「帝国国防方針」に記載された日本海軍の仮想敵国としてのアメリカの規定は、「陸主海従」を阻止しようとする海軍の対内的配慮と、日露戦争で急成長した海軍の組織保全のために行なわれたものであるといえる。

普通、平時において軍当局は、切り詰められつつある軍事予算をできるだけ多く獲得することに努力するものである。そうであれば、必然的に緊縮予算の配分をめぐって、激しく火花を散らせることになる。

そこで日本海軍は予算獲得の論拠として、「対米七割」という比率に頼るようになった。

小林躋造海軍大将は、明治四十年四月から四十二年五月にかけて海軍大学校甲種学生時代、教官の吉田清風中佐から、「七割」思想について、「米英と戦う如き場合があるとして、少なくとも勝負の算が五分と五分となるべき兵力はいかほどであろうかと検討された結果、敵の兵力の七割あれば、かくありうる」という話を聞かされた。

海軍大学校を修了した者は海軍の幹部に出世する。したがって対米七割思想は、海軍の通念となり、しだいにドグマ化することになった。

(3) 日米英の熾烈な建艦競争

日本海軍が八八艦隊の完成に向かって邁進する中で、その予算は大正五年度を境にして陸軍予算を上回るようになった。大正十年には、国家予算に占める海軍予算は、三十二・五パーセントにも達するようになった。

一方、米国は、いわゆる大正五年(一九一六)の海軍法【the Naval Appropriation Act of 1916】によって、三年間で、戦艦十、巡洋戦艦六、巡洋艦十をふくむ、合計百八十六隻の建造計画を立てた。

これは「ダニエルズ・プラン」と呼ばれた。これによって第一次世界大戦中、世界第四位に過ぎなかった米国海軍力を、一躍英国を追い越して、世界第一位の海軍に仕立て上げようとする野心的な法案だった。

さて英国は、第一次世界大戦休戦前には百十三万トンを超え、世界のすべての海軍力に匹敵するほどだったが、休戦と同時に注文済み、および老朽艦などを廃棄し、平時編成に戻していた。

しかしながら米国は、一九一六年の海軍法を中止せず、他方日本も、大正九年(一九二〇)七月、八八艦隊の建造計画を発表したため、英国もまた、大正十年三月、超フッド型戦艦（フッド型は四万トンの巡洋戦艦）四隻の建造計画を発表せざるを得なくなった。

かくして日米英の建艦競争は、三国の国家財政を強く圧迫するようになった。

山梨勝之進（大正七年～十年、海軍省軍務局長第一課長、ワシントン会議随員、昭和三年～五年、海軍次官とロンドン海軍軍縮条約の取りまとめのため活躍）は、当時の日本政府の雰囲気について、つぎのように回想している。

「大正九年のころのことである。私が軍務局の第一課長で、部員には、堀（悌吉）、豊田（副武）、古賀（峯一）などがいた。私は、古賀に、八八艦隊を整備すれば、経費はどのくらいかかるか研究させたことがあるが、六億円ぐらいとの事であった。その当時、政府の予算は十五億円ぐらいであったように思う。ある日、加藤（友三郎）大臣が、今日は内緒の話があると、次官、艦政本部長、軍務局長などを官邸に集めて、つぎのような話をされた。『私は、海軍大臣になって六年近くになるが、世間も議会も大きく変化した。はじめのころは、横須賀での進水式に議員を招待すると、皆結構ですと祝杯を上げて喜んでくれたものである。ところが四～五年経つと、大きく変わって、この艦はいくらかかった。進水式にはいくらかかる。経費はどれほど必要かなどと金のことばかりを聞き、無条件では喜ばないようになった。実際に艦隊を維持するための経常費が、非常に大きくなってきた。国の富はその割りで増していない。このままではやっていけなくなり、私はどうしたらよいか手をこまねいて考えている』と、まことに深刻な話であった。（中略）ある日、海軍大臣以下、海軍首脳部五～六名に水交社に集まってもらって、西野大蔵次官がつぎのような話をした。『日本の財政を生かすも殺すも、あなた方海軍でありましょう。しかし、せっかく建物ができても、これに住むには、カーテンも椅子もテーブルも必要なのであります。このままではやっていけないので、私どもは、さじを投げるほかありません。皆さんで考えて下さい』と、腹の底から哀情を訴えた」

(4) ワシントン海軍軍縮会議の開催

大正十年（一九二一）七月二日、米国第二十九代大統領ハーディング（Warren G.Harding）は、日・英・仏・伊に対して、ワシントンにおいて、「軍備制限および太平洋・極東問題」を討議するための国際会議の開催を、非公式に提案してきた。八月十三日、日・英・仏・伊・中の五ヵ国に、つづいて十月に、ベルギー・オランダ・ポルトガルにも正式招請状が発せられた。

日本政府は、全権に、加藤友三郎海軍大臣（首席）、徳川家達貴族院議長、幣原喜

重郎駐米大使、埴原正直外務次官を選任した。海軍側の随員は、加藤寛治、末次信正、野村吉三郎であった。

十一月十二日（現地の日付は十一月十一日）。この日は第一次世界大戦の休戦成立を記念するための第三回目の平和記念日だったことから、この日に合わせてワシントンで会議が開催されることになった。

大正十年八月十九日、原首相は内田康哉外相からワシントン会議の全権として誰を派遣すべきかの相談があった。これに対して原は、内田がワシントンに行けないのであれば、加藤友三郎が適任だと思うと述べ、これに内田も賛成した。

原は、「犬養毅、後藤新平、伊東巳代治の三人が組んで、伊東全権という案を前陸相の田中義一を通じて持ち込んでいるが、これは全然駄目である。三浦梧郎は蔵相の高橋是清を推薦してきたが軍備問題とかいうことになると、高橋は不適任だ。結局は加藤のほかはない」と語った。

政界にはワシントン軍縮会議をめぐって原内閣に揺さぶりをかけようとする動きがあった。伊東巳代治や後藤新平は外交調査会に拠って、もし原内閣が米英に対して弱腰の態度を見せるようであるならば、痛打を浴びせてやろうと手ぐすねをひいていた。

ワシントン会議の首席全権として憲政会全権の加藤高明を選ぶべしという声があっ

たが、加藤高明は大正四年（一九一五）の「対華二十一ヵ条要求」問題があったことから、国際社会の評判は非常によくなかった。

こうしたことから原の意中の人は、はじめから加藤友三郎海相だった。政友会方面には、海軍から全権を選んだならば、米英を相手に強硬論ばかり吐いてまとまるものもまとまらなくなってしまうと危惧する声も上がっていたが、原はそうした声を無視した。

原としては、「海軍以外から全権を出せば、かえって海軍に反抗されて、まとまるものもまとまらないだろう。むしろ海軍からしっかりした人物を選ぶほうが、海軍を抑え、また海軍を納得させることができる」と考えていた。原は友三郎を全権に選ぶと、「国内は自分がまとめるから、あなたはワシントンで思う存分やって下さい」と全幅の信頼を寄せて激励した。

友三郎は原に対して、「八八艦隊の原則は破りたくないが、米英との釣り合い上、いざという場合の対策は練っている。海岸の防備もアメリカがグァムの防備を撤去するならば、わが方は小笠原、その他の防備は撤去してもよい。またアメリカがマニラの防備を撤去するならば、澎湖島ほか一ヵ所の防備を撤去してもよいと思っている」と語った。

じつは友三郎は八八艦隊の推進者であったが、途中からこの建設に疑問を持つようになった。ワシントンに到着した友三郎は幣原に対して、「八八艦隊なんぞ、できるものではない。何かチャンスがあったら止めたいと思っていた。この点については、原総理とよく話し合ってきた」と語った。

ところが、友三郎がワシントンに到着した二日後の十一月四日の午後七時十分、政友会の近畿大会に出席するために東京駅に赴いた原首相は、大塚駅員中岡艮一によって、短刀で刺殺された。

(5) 加藤友三郎の生い立ち

加藤友三郎は、文久元年(一八六一)二月二十二日、加藤七郎兵衛と竹の三男として、芸州(広島)で生まれた。父の七郎兵衛は、儒学者で剛毅謹直な性格だった。父七郎兵衛が江戸で亡くなった時(文久三年八月五日)、母の竹は四十七歳、兄の種之助は二十歳、友三郎はわずか三歳だった。その後、種之助が父親代わりとして、友三郎の養育に当たった。

友三郎は幼い時から長兄の種之助から漢学を学んだ。さらに友三郎は、高木忠次郎が開設した「高木屋塾」に入門した。

明治五年、友三郎が十二歳になった時、種之助にともなわれて上京した。上京した翌年の明治六年（一八七三）、友三郎は十三歳にして海軍兵学寮の入学試験を受験した。友三郎の海軍志願は、当時海軍士官をしていた兄種之助の勧めによるものであったが、旧士族の子弟が官費の軍人の学校に入るのは、進学の一つのパターンであった。

兵学寮では、それまで生徒の年齢を十五歳から二十五歳としていたが、この明治六年正月から十三歳から十五歳までに限り入学できるように改定された。この改定によって友三郎は晴れて兵学寮に合格することができたが、最年少であった。

明治九年八月、兵学寮は海軍兵学校と改称され、同年九月、友三郎は本科に進むことになった。

明治十三年十二月、友三郎は海軍兵学校第七期を二番の成績で卒業し、海軍少尉補に任ぜられた。

明治二十七年十二月、友三郎は海軍軍務局第一課課僚となった。軍務局長は山本権兵衛だった。山本はロシアと対抗できる海軍を造るべく、薩摩に偏った人事をやめ、各県出身の優秀な海軍士官の登用をはかった。軍務局第一課に勤務する友三郎は、山本権兵衛軍務局長の下で、予算および人事を担当した。後に友三郎が優れた軍政家に育った背景には、ここでの経験があった。

山本から海軍軍政のやり方を学んだ友三郎は、その後、軍務局第一課長、連合艦隊参謀長、軍務局長、海軍次官、呉鎮守府長官と、海軍の中枢への道を歩むことになった。

友三郎は、明治三十二年六月、海軍省軍務局軍事課長心得に補され、同年九月、大佐に昇進し、三十九歳にして軍務局第一課長に就任した。

友三郎は三十五年六月、常備艦隊参謀長として海上に出るまで、第二課長、教育本部第一部長などをしながら、三年間軍務局勤務をした。その前にも二十八年二月から二十九年十一月まで、さらに三十年四月から十二月まで、やはり軍務局軍事課に勤めており、軍務局勤務は通算五年六ヵ月におよんだ。

当時の軍務局軍事課は、海軍の予算、人事を司り、会社でいうなれば、総務部、経理部、人事部を併せたようなものであり、まさに日本海軍の要となる部署であった。

友三郎は山本から、視野の広さや、果断さ、慎重さを学んだ。

日露戦争開戦時、友三郎は第二艦隊参謀長の任にあった。

ロシアのウラジオ艦隊は、開戦と同時に朝鮮海峡をはじめ、日本海、後には津軽海峡を越えて日本の太平洋沿岸にまで出没して、わが海上交通を脅かした。

日本は当初、第三艦隊をしてこれに当たらせたが、明治三十七年三月上旬以降、上村彦之丞第二艦隊司令長官が、第二戦隊の装甲巡洋艦四隻をもってこれに代わった。

ロシアの神出鬼没の通商破壊部隊を撃退することは容易ではなく、四月二十五日、金州丸は元山沖で沈められ、百余名のわが陸軍将兵が死亡した。

六月には、運送船常陸丸、佐渡丸、および和泉丸が相次いで撃沈され、多くの日本兵の生命が喪われた。

上村艦隊に対する日本国民の不満は高まり、「上村艦隊、いずこにありや！」と非難され、上村長官や友三郎の自宅にも投石があった。

しかし八月十日、旅順港内に逼塞を決め込んでいたロシア艦隊がウラジオへ向かうつもりで討って出た。これが黄海海戦になった。

加藤友三郎

この旅順艦隊出港の報に、迎撃に繰り出したウラジオ艦隊の主力が、十四日未明、蔚山沖で上村艦隊と遭遇した。ロシアの三巡洋艦は上村艦隊の攻撃のためたちどころに被弾し、旗艦リューリックは沈没し、他の二艦は日本軍の弾が尽きたため止めを刺されずにすんだが、半死の状態でようやくウラジオへ帰り着いた。

明治三十八年一月一日、旅順が陥落した。一月十二日、連合艦隊の編成替えが行なわれ、友三郎は島村速雄の後継の第一艦隊兼連合艦隊参謀長になった。

明治三十八年二月、日本海軍の陣容は、山本海相、斎藤次官、伊東軍令部長、伊集院次長、山下（源太郎）第一班長、そして東郷連合艦隊司令長官、加藤友三郎参謀長だった。

明治三十八年九月五日、アメリカのポーツマスで日露講和条約が調印された。

九月九日、東郷と友三郎ら一行は、第一艦隊を率いて佐世保に入港した。

大正三年（一九一四）夏に勃発した第一次世界大戦では、友三郎は明治四十一年に中将になっていて、第一艦隊司令長官に就いていた。

第一艦隊は日露戦争後に建造された新鋭艦で編成されており、その任務は陸軍船団の護衛と、南太平洋におけるドイツ東洋艦隊の撃滅にあった。友三郎は、戦艦摂津を旗艦として青島に向かう輸送船の護衛にあたり、また巡洋戦艦を横須賀～ハワイ間に配置して、海上交通の保護を任務とした。さらに九月になると、艦隊の三分の一をドイツ領の南洋諸島の占領に向かわせるとともに、同海域のドイツ艦隊の捜索に当たらせた。

大正四年八月、友三郎は八代六郎によって海相に推挙された。それは友三郎の怜悧な頭脳と、軍務局長、呉鎮守府司令長官、海軍次官などを歴任した軍政の手腕を買われたからであった。

海相に就任してから半年後の大正五年二月、英国はジュトランド海戦で巡洋艦を失ったため、日英同盟の誼（よしみ）で金剛型巡洋戦艦二隻の派遣を要請してきたが、友三郎はこれを、「わが海軍は、軍艦の派遣をセイロン島以東に限るという方針を堅持する」として、きっぱりと断った。友三郎は、あえてヨーロッパ戦線まで介入していくことの不利を計算していた。

半面、友三郎は商売上手なところもあった。同年十月、フランスが駆逐艦数隻の譲渡を求めてきたが、日本にはそれだけの余裕がないので断った。するとフランス側は日本にその建造を依頼してきたので、友三郎は、翌年三月に駐日フランス大使と駆逐艦十二隻の受託建造の協定を結んだ。それらの駆逐艦は国内六ヵ所の造船所で建造され、早くも十月末にポートサイドでフランス海軍に引き渡された。

大正六年になると、ドイツのUボートが暴れまわり、連合国の被害が激増した。このため、友三郎は国際的視野から方針を改め、英国の要請に応じて特務艦隊を南アフリカ沿岸と地中海に派遣した。さらに大正七年のシベリア出兵に際しては、第三艦隊を出動させた。

同年十一月、ドイツは降伏し、地中海派遣の特務艦隊はUボートを戦利品として凱旋した。この年、友三郎は、大戦中の適切な指揮による功績で男爵を授けられた。

(6) ワシントン会議冒頭の爆弾提案

大正十年十一月十二日、ワシントン会議第一回総会の席上、米全権ヒューズ国務長官は、「きわめて大胆かつ率直なる提案」を発表した。ヒューズのいわゆる「爆弾提案」の概要は、つぎのとおりだった。

①日英米三国は施工中または計画中のすべての戦艦の建造を放棄すること。
②その上さらに、若干の老齢戦艦を廃棄して縮小を行なうこと。
③一般的には、関係各国の現有海軍勢力に考慮を払わなければならないこと。
④海軍勢力の測定には、戦艦トン数を基準とし、補助艦艇はそれに比例して割り当てること。

このヒューズの四原則を米英日の三大海軍国に適用すると、つぎのようになった。
①アメリカは、建造中の戦艦十五隻（六十一万八千トン）と、老齢戦艦十五隻（二十二万七千七百四十トン）の廃棄。
②イギリスは、未起工ではあるが、すでに経費を支出した戦艦四隻（十七万二千トン）と老齢戦艦十九隻（四十一万一千三百七十五トン）の廃棄。
③日本は戦艦三隻（進水済みの陸奥と土佐および加賀）ならびに巡洋戦艦四隻（建造中の天城および赤城と、未起工だが若干の製艦資材収拾済みの愛宕および高雄）の合計七隻（二十八万九千百トン）と老齢戦艦（摂津を除く）十隻（十五万九千八百二十八トン）の廃棄。

すなわち米英日の三国の戦艦総計七十隻（百八十七万八千四十四トン）をただちに廃棄するとし、このような廃棄を行なった後の三国海軍の戦艦は、アメリカ十八隻（五十万六百五十トン）、イギリス二十二隻（六十万四千四百五十トン）、日本十隻（二十九万九千七百トン）をもって構成される。そして代艦の建造は、英米各五十トン、日本三十トンを最大限度として、艦齢二十年に達した戦艦は代艦建造を許されるが、十年間は代艦の起工をしてはならない。代艦は各隻三万五千トン以上の戦艦を建造してはならない、とする提案だった。

なお、右のアメリカ案によると、巡洋艦以下の補助艦艇の制限は、戦艦のトン数に比例するとされ、英米両国はそれぞれ四十五万トン、日本二十七万トン、仏伊両国はそれぞれ十五万トンになるはずであったが、フランスが反対したため協定を見るには至らなかった。

(7) 大局を見る友三郎

十一月八日、トリビューン紙が、日本は依然として八八艦隊の完成に固執していると報じたのに対して、加藤友三郎全権は、国家の安全が保たれるのであれば、八八艦隊に固執するつもりはないと述べ、柔軟な姿勢を見せた。

十一月十三日、幣原大使主催のレセプションにおいても、加藤は、「過重な軍備負担の軽減は、人類文明のために絶対必要である。日本海軍は戦前(日露戦争前)の恐怖に基づく防守的なものに過ぎず、日本海軍はかつて英米両海軍のいずれにも匹敵せんと企図したことはない。また日本は、アメリカに対して何ら禍心を包蔵することなく、少なくとも両国に関する限り完全なる了解に到達すべきことは、何ら疑いもないところである。日本は、右の如き態度をもって、アメリカの誠意を証明する今回の提案に対処しようとするものである」と述べた。

十一月十五日の第二回総会において、加藤全権は、「日本は、米国政府の軍備制限案に現われたるその目的の誠実なるを、深く多とするものなり。日本は本提案が各国民をして著しく冗費を免れしめ、且つ必ずや世界の平和を助成すべきを思いて満足するものなり。……日本は欣然右提案を主義において受諾し、敢然海軍軍備の大々的削減に着手する用意あり」と演説し、大体の主義において米国案に異存が無いことを明言した。

加藤の演説を固唾を呑んで見守っていた各国全権や聴衆からは、「ブラボー！　ブラボー！　アドミラル・カトー」の声が湧き起こった。

(8) ワシントン軍縮条約の意義

ワシントン会議では、海軍軍縮に関する五国条約の他、太平洋に関する四国条約、中国に関する九国条約や関税条約など、有機的に関連した多角的条約が形成された。

第一次世界大戦以前、もしくは大戦中の排他的な二国間の同盟・協商システム（日英同盟、日露協商、石井・ランシング協定など）に象徴される帝国主義的な旧外交を排し、それに取って代わるべき新しい外交を志向する国際協調外交だった。したがってワシントン会議の成功は、英米指導者の目には、日本における親英米・国際協調派の勝利と映った。

英米の指導者の目には、日本が対華二十一ヵ条要求の一部放棄、膠州湾租借地の返還、シベリア撤兵を認めたことは、英米との協調の中で日本の国益をはかろうとしていると映った。

ところで、この海軍軍縮条約を国際権力政治からみる時、それは海洋勢力圏の分割を意味するものであった。英海軍は北海からシンガポールの海域において優越性を持ち、米海軍は西太平洋において、一方、日本は極東において優越性があることをそれぞれ確認するものであった。

前進基地を持たず、技術的に進歩した相手に対して渡洋攻撃をすることは、米海軍がいかに優勢であっても、ほとんど不可能であると考えるのが、海軍専門家の常識といえた。

(9) 心中を吐露する「加藤伝言」

加藤友三郎の心中は、大正十年十二月二十七日、ワシントンのショーラムホテルにおいて、首席随員加藤寛治同席の上で、井出謙治海軍次官宛に、随員の堀悌吉中佐に筆記させた、つぎの「加藤伝言」に表われていた。少し長いが、友三郎の考え方がよく出ているので、中核部分を紹介しておこう。

「大体の腹として会議に際し自分を先天的に支配せしものは、これまでの日米間の関係の改善に在りき。換言すれば米国に排日の意見をなるべく緩和したいとの希望これなり。如何なる問題に対しても、この見地より割り出して『最後の決心』をなせり。……かくして十一月十二日となり、第一回総会の席上にて余の予想せざりし彼（ヒューズ）の提案を見るに至れり。当時議場において実は驚けり。然れどもHughesの演説中周囲の空気はこれを極めて歓迎せしことは争われず。会議終了してofficeに帰るまで自動車の中にて頭中は種々の感想起こりて決心つかざりき、帰ると直ちに便所に行き沈思した。どうしても主義として米案に反対することは能はずと決心するに至れり。……先般の欧州大戦後主として政治方面の国防論は世界を通して同様なるが如し。即ち国防は軍人の専有物に非ず。戦争もまた軍人のみにして為しえべきものにあらず。国家総動員してこれに当たるにあらざれば目的を達し難し。……平たく言えば金がなければ戦争が出来ぬと言ふことなり。戦後ロシアとドイツが斯様に成りし結果、日本と戦争の起こる probability のあるは米国のみなり。仮に軍備は米国に拮抗するの力ありと仮定するも、日露戦争後の時の如き小額の金では戦争は出来ず。然らばその金は何処より之を得べしやといふに、米国以外に日本の外債に応じえる国は見当たらず。而してその米国が敵であるとすれば此の道は塞がるるが故に、日本は自力にて軍備を造り出さざるべからず。此の覚悟なき限り戦争は出来ず。英仏は在りといえども当てにはならず。斯く論ずれば結論として日米戦争は不可能ということになる。

……余は米国の提案に対して主義として賛成せざるべからずと考へたり。仮に軍事制限問題なくこれまで通り建艦競争を継続する時如何。英国は到底大海軍を拡張するの力なかるべきも相当のことは必ずなすべし。米国の世論は軍備拡張に反対するも一度にその必要を感ずる場合には何程でも遂行するの実力あり。翻ってわが日本を考ふるに、我八八艦隊は大正十六年に完成す。而して米国の三年計画は大正十三年に完成す。英国は別問題とすべし。其の大正十三年より十六年に至る三年間に日本は新艦建造を傍観するものに非ざるべく、必ず更に新計画をたつることとなるべし。また日本として米国が之をなすものと覚悟せざるべからず。

もし然りとせば、日本は八八艦隊計画すら之が遂行に財政上の大困難を感ずる際にあたり、米国がいかに拡張するも之を如何ともすること能はず。大正十六年以降において八八艦隊の補充計画の実行することすら困難なるべしと思考す。斯くなりては日米間の海軍力の差は益々増加するも接近することなし。米国提案の所謂十・十・六は不満足なるも、But if 此の軍備制限案成立せざる場合を想像すれば、寧ろ十：十：六で我慢するを得策とすべからずや」

⑽「八八艦隊」を自ら葬る

以上の「加藤伝言」の言わんとするところを纏めてみれば、つぎのようになる。

①日本海軍が目指している八八艦隊建設は、わが国の財政規模から見て、とうてい不可能であること。

②八八艦隊を中止することは、明治四十年制定の帝国国防方針における日本海軍の「仮想敵国＝米国＝八八艦隊」という思考概念を転換することであり、このことは日米敵対路線から日米友好路線への転換を意味すること。

③国防とは単に軍事力のみを指す概念でなく、広く閣下財政、産業、貿易、外交の面から捉える必要があること。

それゆえに軍人でありながら加藤をして、「国防は軍人の専有物に非ず」との観を深めさせたのであった。

その考えを徹底しようとすれば、「軍令部の処分案は是非とも考ふべし。本件は強く言い置く。……文官大臣制度は早晩出現すべし。之に応ずる準備をなし置くべし。

英国流に近きものにすべし。之を要するに思い切りて諸官衙を縮小すべし」ということになるのであった。

これに加えて加藤にとっては、日本の対米七割の主張が、作戦上いかなる理論的根拠に立っているか、不明瞭のように思われた。日本の主張を米国側に納得させるためには、対米七割でなければ絶対に困るという強力な理論付けが必要だと考えた。そこで加藤は、たびたび海軍の専門委員を集めて、「七割なら安全で、六割では危険だという根拠を、もっとよく研究しようではないか。主張する以上は、根拠があるはずだ。たとえば六割五分ならばこうだというような、しっかりした数字的根拠があるはずではないか」と話していた。

(11) 首相就任

ワシントン会議中の大正十年十一月、日本では原敬首相が暗殺された。翌年、原の跡を継いだ同じ政友会の高橋是清が、閣内不統一によって組閣してわずか七ヵ月で総辞職した。元老の松方正義は清浦枢密院議長と相談して、加藤友三郎大将（海相）を第一候補に、憲政会総裁の加藤高明を第二候補にして、病中の元老西園寺公望の同意を得た。

憲政の常道から見れば、政党総裁の加藤高明になるはずであったが、元老たちは四年間の政友会内閣に不信感を持っており、この際は政党超然内閣が好ましいと考えていた。そこでワシントン会議でその力量を見せた加藤友三郎に白羽の矢が立った。もし憲政会内閣が誕生すれば、衆議院で多数を占める政友会の猛烈な反発を招くのは必至だった。

加藤友三郎は、はじめ議会の有力な政党の支持がなければやっていけないとして辞退していたが、憲政会憎しの政友会が加藤友三郎を支持することを約束したため、大正十一年六月、加藤友三郎内閣が誕生することになった。

加藤内閣の最初の仕事は、失敗つづきだったシベリア出兵の中止だった。つづいて膠州湾租借地行政、および山東鉄道の中国への引き渡し、青島派遣軍の撤退など、国際関係の改善に努めた。また、国内的には前内閣の懸案事項だった行政整理を断行して、大戦後の不況に対して「小さな政府」を作ろうとした。

加藤はワシントン海軍軍縮条約を履行した。戦艦安芸、薩摩以下十四隻を廃棄、建造中の赤城、加賀は航空母艦に改造し、未成艦の戦艦土佐、紀伊など六隻を建造中止、または契約解除とした。現役の海軍軍人は士官と兵七千五百人を整理するとともに、海軍関係の職工、一万四千人を解雇した。

これによって大正十二年度予算の節約額は四千六百余万円となった。また、軍港二ヵ所を要港に格下げし、人員削減と経費の節約をはかった。

加藤は首相になってわずか五ヵ月後に直腸がんになった。兼務の海相を財部彪に譲り、負担を軽減したが、大正十二年(一九二三)八月二十六日、志半ばの六十二歳で逝去した。関東大震災の五日前のことだった。死亡と同時に子爵を授けられ、元帥の称号を受けた。

(12) 友三郎亡き後の日本海軍

評論家の大宅壮一は、かつて「男は自分の顔に責任を持て」と言った。友三郎の顔写真を眺めてみると、その顔が彼の性格、すなわち怜悧、皮肉、短気、寡黙、鋭い勘などを物語っていると感ずる。

およそ友三郎は誰からでも愛されるような人間ではなかった。一般には、短気でプライドが高く近寄り難い人間のように映った。

しかしこの男には、日本の進むべき道がハッキリとわかっていた。この男は口数こそ少ないが、自分の役割はきちんとこなし、それをひけらかすことは一切しなかった。

閥を作ることも一切ないし、酒以外は趣味というものもまったくない。しかし、友三郎には慧眼の確かさがあった。

怜悧な表情の内側には、案外温かい血が流れていた。寡黙ながらも社会の真理や人間の心理を見抜く鋭い直観力を備えていた。彼が飛ばす皮肉や風刺は、その頭脳の明晰さを表わすものであった。

友三郎のシャープな頭脳は、学者の家系に生まれたことと関係している。大局を見抜く力、物事の本質を捉える力が、友三郎には生まれつき備わっていた。

これは、それまでみずから推進してきたところの「八八艦隊建設」という大海軍主義をやめ、ワシントン海軍軍縮条約を取りまとめた友三郎の判断に結びついている。

友三郎は、幼少時代、「ひいかちの友公」と仇名がついたほどの利かん気な人間だった。本来の友三郎は、決して穏やかな性格ではない。しかしながら、その友三郎を寡黙な人間にしたのは、彼が育った時代が「薩の海軍」全盛だったからである。心を許す人間は、海軍の中にはほとんどいなかったし、引き立ててくれる同郷の先輩もいなかった。

友三郎は父とも頼む兄の種之助が海軍大尉で退役に追い込まれたことを、終生忘れなかった。友三郎としては、海軍内で立身をはかるためには、寡黙な人間になることが必要だった。

日露戦争の日本海海戦における功績をみずから誇ろうとは決してしなかった。すべては、連合艦隊司令長官の東郷平八郎の功績に譲り、自分の功績を抑えた。

ワシントン会議において世界思潮を肌で感じた友三郎は、従来の日本海軍の仮想敵国観を、抜本的に転換することを決意した。これはすなわち、日本海軍の第一仮想敵国・米国観＝八八艦隊の中止＝対米六割艦隊の受諾と言うことになって具体化することになった。

友三郎は、日米敵対から日米友好の路線を推進するに当たって、「軍艦だけ減らして、他の官衙をそのままにすること能わず……軍令部の処分案は是非とも考うべし。本件は強く言い置く。……文官大臣制度は早晩出現すべし。之に応ずる準備を為し置くべし。英国流に近きものにすべし。之を要するに思い切りて諸官衙を縮小すべし」とまで、細心の配慮を巡らしていたのだった。

あと数年、友三郎の命がもってくれれば、太平洋戦争は避けられたのではないだろうか。私にはそんな想いが強くしてくるのである。

7 艦隊派の芽生え

（1）首席随員・加藤寛治の強硬論

一般的に「艦隊派」と呼ばれる日本海軍内のグループの形成は、昭和五年（一九三〇）のロンドン海軍軍縮条約をめぐってであると言われているが、その萌芽はそれより十年近く前のワシントン海軍軍縮条約時に見られた。

ワシントン海軍軍縮会議の首席全権の加藤友三郎の英米協調主義に対して強く反発していたのが、海軍首席随員の加藤寛治（明治三年〈一八七〇〉十月二日～昭和十四年〈一九三九〉二月九日）中将だった。

加藤寛治

十一月三十日、海軍専門委員会において、加藤寛治はつぎの見解を表明した。

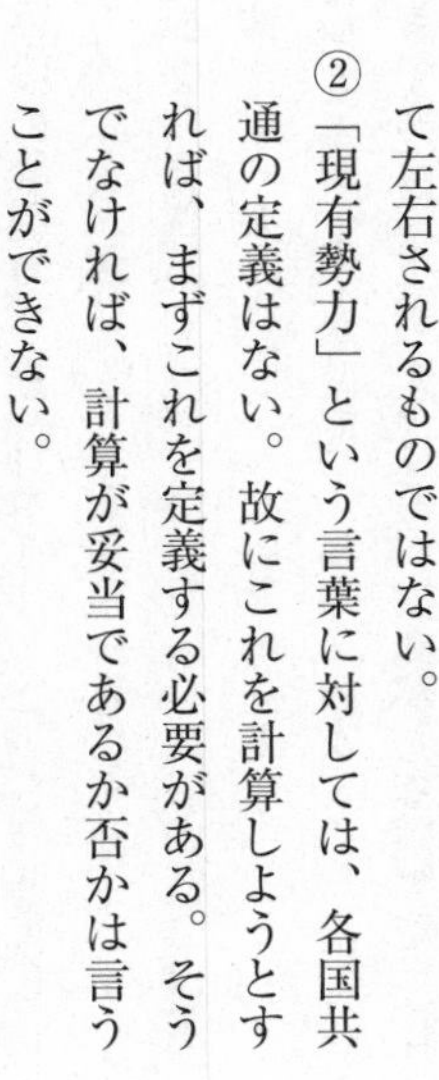

①日本の根本主張たる国家安全の見地よりする最小限七割は、本審議の結果によって左右されるものではない。

②「現有勢力」という言葉に対しては、各国共通の定義はない。故にこれを計算しようとすれば、まずこれを定義する必要がある。そうでなければ、計算が妥当であるか否かは言うことができない。

友三郎からすれば、このような加藤寛治の考え方は非常に狭隘なものと映った。日本側があくまでも対米英七割に固執して会議が成立しなかったならば、彼らに比して格段に経済力が劣る日本としては、もっと苦しい立場に追い込まれてしまうだろう。だから友三郎は、米英が主張するような十：十：六の比率、つまり対米六割という比率を呑まざるを得なくなった場合に、六割では困るというしっかりした理論的根拠を持っていなければならないと考えた。

友三郎は随行中の海軍専門委員に何度か召集をかけて、「七割なら安全で六割では危険だという論理をもっと研究すべきである。主張する以上、根拠があるはずだ。しっかりした数字的理屈があるはずだ」と言ったが、友三郎を納得させるだけの理屈を言う人間はいなかった。

日本近海における彼我の戦力は、最初十対七が、ちょうど一対一くらいになる。十対六では、日本近海に来るまでの消耗を考えても、一対一とならず、米側がやや優勢を維持するくらいしか主張することができなかった。

友三郎は加藤寛治らの対米七割論では、米英が納得しないことを十分承知していた。友三郎は、ともすれば末次信正ら強硬派に煽られがちな加藤寛治に対して、「君も中将になったのだから、少しは下の者を抑えるように」ときつく叱った。

このようなことから友三郎と加藤（寛）の不和説が流れた。さらに加藤一人が全権一行に先立って帰国したことから、一層この不和説に火をつけることになった。

(2) ワシントン海軍軍縮条約と「帝国国防方針」の改定

ワシントン海軍軍縮条約成立の結果、大正七年(一九一八)の「帝国国防方針」第一次改定で規定された海軍所要兵力、いわゆる「八八艦隊構想」は、大転換を余儀なくされた。

対米六割海軍は、大正十一年六月より首相の座に就いた加藤友三郎の日米不戦の国防観に基づくものであった。

したがって米国を日本海軍の第一の仮想敵国としたそれまでの「帝国国防方針」は、当然、改定されるべきものであった。ところが、これに先手を打って国防方針の第二次改定の挙に出たのが、軍令部長の加藤寛治と第一部長の末次信正であった。

軍令部は、大正十一年、参謀本部との間で協定を作成した上で、大腸癌という不治の病に冒されていた加藤首相兼海相(大正十二年八月、現役首相のまま他界)に対し、改定案の丸呑みを迫ったのであった。

帝国国防方針の第二次改定に際して実際の作業に参加した者は、陸軍参謀総長上原勇作、海軍軍令部長山下源太郎、次長加藤寛治、第一部長末次信正らであり、作戦の

末次信正

統帥に関わらない首相兼海相の加藤友三郎と陸相の山梨半造らは、閲覧のみが許された。

加藤友三郎は、内閣を組織してから一年余の大正十二年八月二十四日に没したが、口さがない批評家からは「ロウソク内閣」（まさに炎が消えようとしている）とまで評されていた。

この改定前後の友三郎は正常に政務がとれるような状態ではなかった。また友三郎が元帥に推戴されたのは逝去する前日であった。

このような中で、参謀本部と軍令部は、外堀を埋めた上で間隙を縫うようにして、改定を強行したのだった。

大正七年の国防方針の第一次改定では、仮想敵国を露国、支那の順に定めたが、第二次改定では、「帝国の国防は我と衝突の可能性最大にして且強大なる国力と兵備を有する米国を目標とし、主として之に備へ、我と接壌する支露両国に対しては親善を旨とし之が利用を図ると共に、常に之を威圧するの実力を備ふるを要す」と規定し、米国、露国、支那の順序に変更された。これは対米協調を旨とするわが国の外交方針と、完全に矛盾するものであった。

用兵綱領においては、仮想敵国の判断どおり、米・露・支の順で対一国作戦することを定めた。二または三の連合に対処する場合は、各一国作戦を準用して行なうことにした。

陸軍側は、第一次世界大戦の教訓から、将来の戦争は数ヵ国戦争になる可能性が高く、これを中心にして諸計画を立てなければならないと主張したが、海軍側は、わが国力から見て、とうてい対数ヵ国作戦を対象とする国防兵力を整備することができず、したがってかならず対一国作戦に終始するように指導すべきであるとした。

このように陸海の論争は決着をみなかったが、国内世論は軍縮を強く望んでおり、積極的に軍備を増強するような状況にはなかったため、結局、陸軍側が折れ、海軍の対一国戦争案で妥協が成立した。

国防方針の第二次改定では、それまでの露・米の順序を、米・露に入れ替えたとはいえ、陸海軍の仮想敵国は、陸軍は対露、海軍は対米と相変わらず二元化した。所要兵力については、陸軍は第一次改定と同じく四十個師団としたが、大正十四年のいわゆる宇垣軍縮によって四個師団を削減した。

一方、海軍は、ワシントン海軍軍縮条約によっては八八艦隊が中止になったことから、主力艦十、航空母艦四、大型巡洋艦十二隻を基幹として、これに相応する補助艦艇・航空兵力を整備することにした。

昭和九年末に日本政府が海軍軍縮条約廃棄を通告すると、加藤は、帝国海軍更生の黎明を迎えたとして大いに喜び、東郷元帥の墓前にこれを報告した。

8 ロンドン海軍軍縮会議の開催

(1) 米英日で軍縮気運高まる

昭和四年(一九二九)三月四日、第三十一代米国大統領に共和党のフーヴァー(Herbert C.Hoover)が就任した。彼は大統領就任演説で、軍縮促進について強い意欲を表明した。

四月十日、フーヴァー大統領が前副大統領のドーズ(Charles G.Dawes)を駐英大使に任命したことは、米政府の対英外交調整に並々ならぬ熱意を示すものであった。四月二十二日、米全権ギブソンは、国際連盟第六回軍縮委員会において、海軍軍縮に関して米国の積極的な考え方を披露した。

国際的に軍縮の気運が盛り上がりを見せている中、英国では総選挙で軍縮達成を訴えた労働党が勝利をおさめ、六月七日、第二次マクドナルド(James R.MacDonald)

内閣が組織された。

労働党内閣の成立に注目していたドーズは、早々にフーヴァー大統領と協議を行ない、六月十四日、ロンドンに着任した。そして六月十六日、ドーズはスコットランドのフォレスで休養中のマクドナルド首相を訪ねた結果、両者は海軍軍縮交渉を進めるということで意見が一致した。

翌十七日、ロンドンに戻ったドーズは、松平恒雄駐英大使と会見を持った。その際ドーズは、ジュネーブ海軍軍縮会議が失敗に終わったのは、全権が海軍軍人であったりして、会議のやり方を誤ったためであるとして、今度は会議の方法を変えなければならないと誘った。

そして翌十八日、演説する草稿を松平に読んで聞かせた。この前後ドーズは、松平大使に対して、軍縮予備交渉への日本の参加を要請した。

(2) 浜口雄幸民政党内閣の成立

昭和四年七月二日、田中義一政友会内閣のあとを受けて、浜口雄幸民政党内閣が成立した。外相には幣原喜重郎、海相には財部彪が就任した。

浜口内閣は、七月九日、①政治の公明、②国民精神作興、③綱紀粛正、④対支外交

刷新、⑤軍縮促進、⑥財政の整理緊縮、⑦非募債と減債、⑧金解禁断行、⑨社会政策の確立、⑩国際貸借の改善、関税の改正、教育の更新、からなる「十代政綱」を発表した。

七月十九日、幣原外相は松平大使宛に、海軍軍縮の一般方針樹立のため英米日仏伊間で協議することを了承する旨の電報を発した。

(3) ロンドン海軍軍縮会議の正式招請と日本海軍の訓令案

昭和四年十月七日、英国政府よりヘンダーソン(Arthur Henderson)外相の名をもって、ロンドン海軍軍縮会議を、昭和五年(一九三〇)一月の第三週初頭に開催する旨の招請状が、日米仏伊の四ヵ国に送付された。

日本政府はロンドン海軍軍縮会議招請状を受諾後の十月十八日、同会議全権として、若槻礼次郎元首相、財部彪海相、松平恒雄駐英大使、永井松三駐ベルギー大使、海軍随員として左近司政三中将をそれぞれ選任した。

さて日本海軍では、昭和四年九月ごろから訓令案の検討を行なっていたが、十一月二十五日、訓令案を陸軍側に示し、二十六日に閣議決定された。

そして十一月二十八日、全権に対して、つぎの要旨の訓令があたえられた。

「二十センチ砲搭載大型巡洋艦においては、とくに対米七割、また潜水艦においては昭和六年度末わが現有量を保持するを要す。これらの要求と補助艦対米総括七割の主張を両立せしむるがためには、帝国海軍軍備の要旨に悖らざる限り、軽巡洋艦、駆逐艦において、多少の犠牲を忍ぶは止むを得ない事に属す」

すなわち、①補助艦対米七割、②八インチ（二十センチ）砲巡洋艦（大巡）対米七割、③潜水艦の現有保有量（約七万八千トン）の保持、といういわゆる「三大原則」で会議に臨むことになった。

（4）矛盾をはらむ日本の三大原則

ところがこの三大原則は、ロンドン会議当時、海軍軍務局長として部内の取りまとめに当たった堀悌吉（昭和四年九月〜六年十一月、軍務局長）によれば、つぎのように矛盾をふくむものだった。

「この三則は以前から決定していた確固不抜のわが海軍の方針といったような歴史的なものではなく、ロンドン会議に対するわが対策として掲げられたものである。……これは国際会議に臨むに当たり、わが方としてはこれが貫徹に万全を尽くすべきは言ふまでもないが、戦勝国が戦敗国に対して課する絶対的の強制条件の如きものでありえないことは、常識の上からでも明白である。殊に第二と第三は、第一の総括七割の内訳としての要求であって、今回初めて世の中に出されたものである。すなわち第二は、第一と同様の七割比率を八インチ砲巡洋艦に適用するの要求であって、第三は、総括七割の比率のうち潜水艦の実トン数を要求するものである。それだから例えわが主張の総括が通ったとしても、総計トン数が甚だしく低下する場合があり、その中に潜水艦自主量なる不変数が割り込めば、他の巡洋艦の方を非常に圧迫することになる。したがって三則を横に書き並べて見て、何となく納得できかねる首尾一貫しない点のあるのは、止むを得ないところであって、当時これを人に説明して了解を得んとするに当たり、ひとかたならぬ苦心をしたものである」

(5) ロンドン海軍軍縮会議の開会

昭和五年(一九三〇)一月二十一日、ロンドン海軍軍縮会議が開会された。開会にあたって、英マクドナルド、米スチムソン(Henry L.Stimson)、仏タルデュー(Andre Tardieu)、伊グランディ(Dino Grandi)、日本若槻礼次郎の各全権がそれぞれ演説を行なった。ロンドン会議の構成は、正式会談、非公式会談(内協議)、事務局から成っていた。

各国保有量に関する重要案件は、この非公式会談で話し合われたが、英米間ではだいたいの協定はできていたため、自然、会議では英仏間、日米間で激論が戦わされることになった。

イタリアはフランスとのパリティ（均勢）を要求したが、フランスはこれを拒否した。

会議初頭、フランスの総トン数案と英米の艦種別制限案との間で妥協が成立した。すなわち艦種間の融通は、軽巡（六インチ砲搭載巡洋艦）から駆逐艦に融通する場合に限り、保有量の一割を許すことにした。

若槻礼次郎

フランスは、一九三六年まで最小限トン数七十二万四千四百トンを保有する旨の要求を行なった。これはワシントン会議に提出したのと同様の膨大なものであった。

これに対してイタリアも対仏パリティを要求したため、会議はまったく行き詰まることになった。

一方、日・英・米間の交渉も難航した。しかし二月五日、米国側から日英両国に対して、米国案が示されたことによって、がぜん具体的交渉に入ることになった。三月十一日、首席全権会議後、若槻は英国のマクドナルド首相と会談をして、「自分は、海軍の軍縮は世界の平和を維持し、国民の負担を軽減するために、最も大切な事柄であることを信じており、衷心からその実現を希望し、何とかしてこの会議をまとめたいと微力を尽くしている。……もし自分の尽力によって何とかまとまりがつくならば、自分の生命と名誉の如きは、何とも思わない。英米両首席において、私の微衷を諒とせられるならば、日本の主張の主要なものは、是非これを了承せられたい」と語った。

この若槻の決意に、マクドナルドは感動した様子だった。若槻が宿舎に帰ると、さっそく米全権スチムソンから電話があり、リードも同席して討議を行なった結果、つぎの対米総括「六割九分七厘五毛弱」(六十九・七四パーセント)の日米妥協案が出来上がった。

[三月十一日、日米会談(若槻・スチムソン・リード)日米妥協案]

艦種	米(トン)	日(トン)	比率
八インチ	一八〇〇〇〇	一〇八四〇〇	対米比率六〇・二二%
六インチ	一四三五〇〇	一〇八四一五	対米比率七五・五五%

駆逐艦	一五〇〇〇〇	九七五〇〇	対米比率六五%
潜水艦	五二七〇〇	五二七〇〇	対米比率一〇〇%
計	五二六二〇〇	三六七〇一五	対米比率六九・七四八%

(6)「六割九分七厘五毛」は限界

若槻は通訳として同行した斎藤博に対して、「まだ二厘五毛足りないと言え」と命じたが、斎藤は、「六割九分七厘五毛というのは、結局七割と同じことなのですが、アメリカの全権がここで条約を結んでも、帰国して上院の批准を受けなければなりません。多数の者が大変な譲歩だといって騒ぐでしょう。彼らはそれを心配して、六割九分七厘五毛といえば、いくらか譲ったか、全部譲ったんじゃないということになる。そこでこういう計算を出したと思う」と語った。

同日会談後、若槻全権は幣原外相に対して、「今日の会談の模様より得たる印象によれば、このままの押し問答にては日米間差し当たり右米案以上に日本を有利にする見込み立たざる」旨の電報を発した。

翌三月十三日、リードは若槻を訪問し、米国側の最終案として、つぎの案を示した。

これによると、日米の総括的対米比率は、六割九分七厘五毛強（六十九・七五四パーセント）となった。

［三月十三日、日米会談（若槻・リード）米国側最終案］

艦種	米（トン）	日（トン）	比率
八インチ	一八〇〇〇〇	一〇八四〇〇	対米比率六〇・二二二%
六インチ	一四三五〇〇	一〇〇四一五	対米比率七〇%
駆逐艦	一五〇〇〇〇	一〇五五〇〇	対米比率七〇・三三三%
潜水艦	五二七〇〇	五二七〇〇	対米比率一〇〇%
計	五二六二〇〇	三六七〇五〇	対米比率六九・七五四%

これによれば、重巡は、起工が延期されたアメリカの重巡が竣工しはじめる一九三六年以降までは、対米七割以上、潜水艦は同率だった。

後日、若槻は、「潜水艦問題だが、アメリカは潜水艦も他の軍艦と同様、十対六の比率で行くつもりであったが、強いてこれを主張せず、日米同数ということに同意するから日本も七万二千トンに固執せず、双方五万二千トンで満足してもらいたいと言い出した。……日本が、七万二千トンに固執すれば、アメリカは十対六の比率によって、十二万トンの潜水艦を持つというべきところを、日米同数とする。双方五万二千トンにしようということであるから、非常な譲歩である。これは纏めたほうがいいと思ったから、私はこれに同意した」と、この時の模様について語った。

(7)「最終決断」を政府に求める請訓

三月十四日、日本全権（若槻、財部、松平、永井）連盟の下に、東京宛につぎの請訓を発出した。

「最近、松平・リード会談に次ぎ、十二日若槻・スチムソン会談において看取せらる通り、米国側は事実上既に総括的七割の原則を認めたるものとして、厘余の開きあることは事実なるも、これ米国側が全然日本の主張に屈服したりとの非難を避けながら、日本の希望に副わんとする苦心の存するところなるべく、大型巡洋艦についてはわが主張に副わずといえども、事実次回会議までは大体七割以上の勢力を保有するものと見ることを得べく、潜水艦についてはわが主張に比し少量なるの遺憾はあるも、先方がその保有量を低下して、我と均勢を申し出あるは、一つの譲歩なりと認むるを得べし。本委員などの見るところによれば、新たなる事態の発生せざる限り、彼をしてこれ以上の譲歩をなさしむる事は難きもの認む。然るに仏国問題が中心となりて、五国協定不成立の場合はともかく、日本の態度によりて今回会議の破綻を見るが如き場合に立ち至らば、諸般の関係上わが方に重大なる影響を及ぼすことになるべきに付き、深き考察をなさざるべからず。今後仏伊の態度その他事態の推移に鑑むべきは、もちろんの義なるも、この際政府において前途交渉の成り行きに対しお考えを加えられ、何分の御回訓あらんことを希望す」

若槻としては、「もし政府が私の請訓を承認しないか、または承認しても大きな修正もしくは注文をつけた回訓が来たなら、これは脅かしでも何でもなしに、私は断然、全権委員を辞するつもりで、腹を決めていた」のだった。

（8）「二厘五毛の不足」は論ずるに足らず

三月十四日発の在ロンドン日本全権団の請訓は、翌十五日午前、東京の外務省に届いた。

ところで、ロンドンでまとまった仮妥協案は、堀悌吉軍務局長から見れば、つぎのように解釈すべきものであった。

日本側原則	原則適用の主張量（トン）	会議での仮妥協量（トン）	過不足（トン）
総括的七割	三六八三四〇（七〇％）	三六七〇五〇（六九・七五％）	不足一二九

〇

大巡七割　一二六〇〇〇（七〇％）　一〇八四〇〇（六〇・二一％）　不足一七六〇〇

潜水艦自主量　七七八四二（一四八％）　五二七〇〇（一〇〇％）　不足二五一四二

軽巡・駆逐艦　一六四四九八（五六％）　二〇五九五〇（七〇・一七％）　過四一四五二

（＊カッコ内は対米比率）

「総括的七割の要求は、実質においてわが主張どおりになっているもので、一千二百九十トン程度の不足は議論するに足らない数量である。その内訳として、大巡七割の要求量には一万七千六百トンの不足があるが、これはそれだけのトン量が軽巡の方に回されていると認むべきものである。具体的に言い換ふれば八千八百トン級巡洋艦二隻が、八インチ砲の代わりに約倍数に近い六インチ砲を備砲として搭載するといふ事である。次に潜水艦は三国平等の五万二千七百トンであるが、自主量の七万七千八百四十二トンに対し、二万五千百四十二トンの不足があり、これに代ふるに駆逐艦、軽巡の二万三千八百五十二トンをもってするということになるのである。右と同時に原則適用主要量が右の如き数字となっては、軽巡、駆逐艦の数字が非常に低下することも見逃しえない。水雷関係の人々からは、寧(むし)ろ妥協案の方がよいとせられたのもその為である」

(9) 軍令部の猛反発と東郷元帥の強硬論

しかしながら仮妥協案は、ただちに海軍軍令部(部長・加藤寛治大将、次長・末次信正中将、第一班長・加藤隆義少将)より、強い反発を招くことになった。以前、加藤寛治は浜口首相、幣原外相に向かって、「七割」は「わが海軍の死活を岐つ絶対最低率にしてこの協定成らざれば、断固廃棄の外なきものとす」と断言していた。

その際東郷は、「米が大巡六割を我に押し付け、彼は数年後十八隻の完成を条約となさんとするは不可解なり。一度条約とせば取り返しつかざること、主力艦六割の場合に同じ。……七割なければ国防上安心出来ずとの態度を執り居ることとなれば、一分と言ふ小駆け引きは無用なり。先方聞かざれば断固として引き揚ぐるのみ。この態度を強く申し遣わすべし」との強硬論を吐いた。三月十六日、末次軍令部次長は独断で、「海軍としてかかる提案は、到底承認し得ざるものである」との声明を発表した。

三月十九日、加藤軍令部長は浜口首相に面会を求め、米案は「国防用兵作戦計画の責任者として、これを受諾することは不可能なり」と申し入れた。

(10) 軍令部の修正意見

三月二十日、堀軍務局長は、加藤隆義軍令部第一班長より、「全権請訓に関する対案」と題する、つぎの要旨の軍令部の修正案を受け取った。

①米国案による帝国の保有量である軽巡洋艦、駆逐艦の和、二十万五千九百五十トンより二十センチ砲搭載巡洋艦へ、一万七千六百トンを融通すること。

②米国が二十センチ砲搭載巡洋艦の第十六艦を起工する時、日本は前号融通量より第十三艦を起工し、米が第十八艦を完成する時は、日本は第十四艦を完成すること(妥協量では、最終的に米十八隻に対し、日本十二隻となっている)。

③潜水艦の帝国保有量を六万五千五百トンとし、軽巡洋艦の合計トン数より一万二千三百五十トンを融通すること。

④潜水艦の融通量を認めざる場合においては、七百トン以下の潜水艦を制限外とすることを条件とし、わが保有量を七万二千トンまで低下すること。

(11) 堀軍務局長、苦心の回訓案

三月二十二日、堀軍務局長は、先の軍令部案を基礎に苦心惨憺して、海軍省事務当局の意見を回訓案の形式にまとめ、これを堀より加藤班長、山梨次官より末次軍令部次長に提示し、その後、外務省の堀田正昭欧米局長に送付した。

①二月五日の米国提案（オプション）に基づき、米の二十センチ砲巡洋艦の保有を十五隻（十五万トン）とする。ただしこの場合における米の十五センチ砲以下の軽巡洋艦保有量を十七万三千五百トンとする。

②日本は潜水艦、駆逐艦において、左記のごとく譲歩する。

イ、帝国保有量六万五千五百トン。

ロ、駆逐艦保有量を九万二千七百トンに低減する。

③第六回国際連盟軍縮準備委員会におけるギブソン声明の主旨に基づき、補助艦各艦種間の融通量を認め（適当の尺度を用うるを妨げず）その最大限を融通を受ける当該艦種保有量の二十パーセントとする。

④二十センチ砲搭載巡洋艦に関する融通の実施は米国に優先を譲り、米が融通をなしたるあと、我これを行なう。

加藤、末次ら軍令部側の強硬論のなかにあって、会議成立のため、海軍部内の取りまとめにあたった山梨海軍次官と堀軍務局長の苦労は、並大抵ではなかった。山梨や堀は、日本の「三大原則」は外交上の目安であって絶対的なものではない、との柔軟な考え方をとっていた。

9　山梨次官を支える岡田啓介大将

昭和五年（一九三〇）三月二十四日、回訓案に関する非公式軍事参議官会議（軍事参議官は、重要な軍務について、天皇の諮詢により参議官会議を開き、意見を上奏するもので、元帥、陸海軍大臣、参謀総長、海軍軍令部長、および親補された陸海軍将官から成っていた）が、海相官邸で開催された。

このあたりからロンドン条約の海軍部内の取りまとめに岡田啓介海軍大将が政治の舞台に登場してくることになった。

岡田啓介（明治元年〈一八六八〉一月二十日～昭和二十七年〈一九五二〉十月十七日）は、福井の下級藩士の長男として生まれた。

中学卒業後、青雲の志を抱いて上京し、駿河台の共立学校に入学した。

そのころの岡田の夢は、太政大臣になることだった。

岡田はこの共立学校で奇しくも後に二・二六事件で斃れる高橋是清に英語を習った。

岡田が住んでいる県人寮の鼻先に陸軍将校クラブである偕行社があり、毎晩陸軍の将校が派手に遊んでいるのを見て、「あんなに面白そうなら、ひとつ陸軍に入ってやれ」と、あっさり共立学校を辞め、陸軍士官学校の予備校である陸軍有斐学校に入学した。

ところが郷里の先輩から、「陸軍に入るというのは何事か。君の叔父さんの青山悌二郎は海軍軍人で、新政府の黒龍丸に乗っていて、長崎においてコレラで亡くなったが、大変な秀才だ。今生きていれば相当な人になったはずだ。叔父さんのような海軍士官になれ。これからは海軍だ」と一喝された。

この言葉を聞いているうちに、岡田の心中に海軍への憧れが沸いてきた。明治十八年十月一日に海兵を受験したところ合格し、海兵第十五期、八十一名の一員になった。

この十五期は、秀才や豪傑が揃っており、海軍大将が四人も出た。

日露戦争の旅順口閉塞作戦で福井丸に乗って出撃した広瀬武夫中佐も同期だった。

一期上には終戦時の首相をつとめた鈴木貫太郎がいた。二期下には、日本海海戦の連合艦隊の作戦参謀だった秋山真之がいた。

その後、岡田は海軍大学校を経て、明治四十四年に斎藤実海相、財部次官の下で人事局首席局員、大正十一年にワシントン海軍軍縮会議の際は、加藤友三郎海相、井出謙治次官の下で海軍次官代理、大正十二年に財部海相の下で海軍次官をつとめ、大正十三年に大将に昇格、十二月に第一艦隊兼連合艦隊司令長官、昭和二年四月に海相、そして昭和四年七月に軍事参議官に就任した。

岡田啓介

加藤寛治は、明治三年十月に岡田と同じく福井で生まれた。攻玉社中学を経て、明治十五年に海兵予科入学、明治二十年に海兵本科入学した。謹厳実直、品行方正、成績は群を抜き、岡田の卒業の三年後に海兵をトップで卒業した。

明治三十二年から三十五年までロシア留学および駐在、明治三十八年から四十年まで海軍省副官兼海相秘書官（山本権兵衛および斎藤実海相）、明治四十年一月から八月にかけて、伏見宮貞愛（さだなる）親王の随員としてイギリスに出張、大正九年に海大校長、同年十二月に中将、大正十年九月から十一年二月までワシントン海軍軍縮会議首席随員、大正十一年五月に海軍軍令部次長、昭和二年四月に大将、昭和三年十二月に軍事参議官、そして昭和四年一月から軍令部長に就任した。

岡田と加藤は同じ福井出身であり、三歳違いの同郷の先輩・後輩の関係にあった。これが、岡田が政府回訓をめぐって猪突猛進しようとする加藤の行動を適当に宥め、抑えることができた大きな要因だった。

岡田は軍縮について、「だいたい軍備というものはきりのないもので、これでもう大丈夫だという、そんな軍備なんてありゃせん。いくらやってもまだ足らん、まだ足らんというものだ。

ところで、軍縮といっても各国とも腹では実はうそなんだよ。本当に軍縮しようと思って、一生懸命やっておるのではない。私は当時からいい意味での完全な軍縮はできん、きっと軍備の競争は何かの形で残ると思っておった。だから成るべく、馬鹿な出来もせぬ争いを止めてしまって、争いを出来るだけ小さくした方がいいと考えていたわけだ。米英を相手に戦争すべからずという、そんな『べからず』じゃない。戦うだけの支度が出来ればいいが、そんなことはいくら頑張っても国力の劣る日本には出来ない。出来ないならば成るべく楽にしていた方がいいというわけだ。どっちも頭が押さえられておれば、こっちは自然と対抗できる別の方法も考えられるというものだ」という考えを持っていた。

後に岡田は、ロンドン海軍軍縮当時の心境を、つぎのように語っている。

「ロンドン軍縮会議のまとめ役として奔走するのに、私は出来るだけ激しい衝突を避けながら、ふんわりと纏めてやろうと考えたわけだ。反対派に対しては、ある時は賛成しているかのように、なるほどと頷きながら、まあうまくやっていく。軍縮派に対しては、強硬な意見を言ったりする。

要するに皆常識人なんだから、その常識が足がかりなんだ。いくら激しても人間には常識というものがあるんだからね。そこを相手にする。狂人だったら別だ。ただ逃げる。これが私の兵法だ」

この言葉が岡田の政治手法の核心だった。対立衝突するものを巧みに操りながら、常識と中庸を足場にして回避してゆく。岡田のこの手法は、終戦工作の際にも活かされることになる。

10　条約派と艦隊派との攻防

(1) 軍事参議官会議での攻防

さて軍事参議官会議では、加藤軍令部長が作戦計画、兵力配備、艦隊、造船状況等について説明した後、「米案は我の欲せざるところを与へ、我が欲するところを奪わんとするものなり。米提案の兵力量をもっては、国防計画の責任者としてその任に当たること困難になる」と断じた。

つづいて山梨次官より、二十二日に外務省に送った回訓に関する海軍案の説明が行なわれた。

席上伏見宮（博恭、海軍大将）が、「日本の主張により軍縮会議が決裂せる場合、日本の立場を如何に観察せらるるや」と質問したのに対して、加藤は、「顧念するの要あるも親友すべきものにあらざる」旨の極めて楽観的な見通しを述べた。

しかしながら、三月二十四日、財部全権（海相）は山梨次官に対して、「当方の空気は、我が立場をより有利に展開する余地少しと称し、決裂を見るにいたらんよりは寧ろ、米提案に落ち着くともこの協定成立を図るは、大局上却って有利なるとする意見を遺憾ながら耳にするに立ち至りたり」として同意する意向を伝えてきた。

(2) 協定成立に賭ける浜口首相

三月二十五日、山梨次官は浜口首相に対して、「海軍としては、今回の米案をそのまま受諾することは不可能である」と進言したが、浜口首相は、「政府としては会議の成功を望むこと切なるものあり。会議の決裂を賭する如きは至難」なる旨を断言した。

翌二十六日、海軍側は、岡田大将、加藤軍令部長、末次軍令部次長、山梨海軍次官、堀軍務局長、矢吹省三海軍政務次官らの省部最高幹部が参集し、海軍の選択について検討した結果、つぎのような「今後の方針」を決定した。

「海軍の方針（厳密に言えば、各種の議に列したる諸官の意見）が政府の容れるところとならざる場合、海軍諸機関が政務及び軍務の外に出づるの議に非ざるは勿論、官制の定むる所に従ひ、政府方針の範囲において最善を尽くすべきは当然なり」

右の決定は、たとえ政府が海軍の意見に反した決定をしたとしても、海軍としてはそれに従うことを認めたものであり、このことは言外に「兵力量の決定権」が政府にあることを認めたものに他ならなかった。

二十七日、加藤軍令部長と岡田大将は浜口首相を訪問して、海軍の方針について進言した。その際、浜口首相は、「（自分は）海軍事務管理たるが故に、国家大局上より深く考慮をめぐらし、大体の方針としては全権請訓の案を基礎として協定を成立せしめ、会議の決裂を防止したき心持を有す」と断言した。

(3) 岡田・山梨会談で受諾を決意

三月二十八日、岡田大将は、山梨次官の来邸をもとめて協議した結果、「請訓丸呑みの外なし。但し米案の兵力量にては配置にも不足を感ずるにつき、政府にこれが補充を約束せしむべし。閣議覚書としては、これを承認せしめざるべからず。また元帥参議官会議は、もしこれを開き、政府反対のこととなれば重大事となる。したがって開くべからず」との断を下した。

伏見宮もまた二十九日、岡田大将に対して、「海軍の主張が達成せらるることは甚だ望ましきも、首相がすべて方面よりの帝国の前途に有利なりといふ考えにて裁断したとすれば、これに従ふ他あるまい。参議会を開いてやるといふことも、この際どうか。……以上のことは参議官参集といふことあったら、殿下の意見として岡田より披露して差し支えなし」と語った。

(4) 岡田・加藤・山梨の首相訪問

政府回訓案は、三月三十一日に完成し、四月一日の閣議に提出されることになった。

三月三十一日、浜口首相は閣議に先立ち海軍側の了承を得るために、岡田大将、加藤軍令部長、山梨次官の三氏に対して、翌一日午前の来邸を求めた。

この浜口首相の申し入れに対して、三十一日に岡田と加藤は、首相との会見の際の口上に関して協議した。

その際、岡田は加藤に向かって、「その際君はこの案を閣議に付せらるるはやむを得ず。但し海軍は三大原則を捨てるものにあらざるも、閣議にて決定すれば、それに対し善処すべしぐらいの事は言われんか」と諭したのに対して、加藤は、「それは出来ない」とそっけなく答えた。

そこで岡田は、「然らばその意味のことを余より言ふべし。君は黙っていてくれぬか」といったところ、加藤としてもこれを了承した。

四月一日午前八時四十五分、岡田・加藤・山梨の三名は、首相官邸に浜口首相を訪ねた。

席上浜口首相は、「政府は国際協調と国民負担の軽減とを目的として、米国案承認の回訓案を作成し、本日の閣議にかけて決定の上、上奏、回訓をすることにした」と語った。

これに対して岡田は、「総理のご決心はよくわかりました。この案をもって閣議にお諮(はか)りになることは止むを得ぬと思います。専門的見地よりする海軍の主張は従前通りでありまして、これは後刻閣議の席上次官より陳述せしめられるようお取り計らい願います。もしこの案に閣議で纏まりますならば、海軍としてはこれにて最善の方法を研究いたすよう尽力します」と答えた。

すると加藤は、「用兵作戦上からは困ります。……用兵作戦上からは」との不明瞭な言葉を洩らした。

この時の模様について、後で加藤は、「責任者に非ず職権もなき軍事参議官をしてこれを言はしめたる海軍次官の作為は、奇怪至極と言わざるべからず」として、岡田と山梨を非難しているが、前述の経緯からして加藤の言うようなものではなかった。

(5) 海軍側の「修正事項」

首相会見終了後、岡田、加藤、山梨は海相官邸に引き揚げた。そしてそこで待ち受けていた末次部長ら海軍幹部に対して、政府の回訓を提示して、善後策を協議した。その結果、つぎの修正事項を、浜口首相兼事務管理（海相の財部が軍縮会議に出ているため）、および幣原外相に進言することを決定した。

①二十センチ砲搭載巡洋艦に対し、一九三六年以後において条約の拘束を脱する留

保は、潜水艦はもちろん、補助艦兵力全般にわたるを要す。(②③は略)

席上、山梨次官は後刻会議において陳述する三月三十日案の覚書（すなわち全権の請訓を骨子とした政府回訓案に同意する代わりに、兵力量の補充を政府に約束させる覚書）を三度も読み上げたが、だれも異議を差し挟まなかった。

そこで山梨次官は閣議前、浜口首相と幣原外相に面会を求め、右の修正事項について進言した。

(6) 回訓原案が閣議で決定

さて閣議では、冒頭に浜口首相が首相としての所信を述べ、次いで幣原外相が今日までの経緯について説明した。その後、山梨次官は、右の陳述書を浜口首相に提出した。

これに対して浜口首相は、「海軍としての専門的立場よりは、次官の只今述べたる所見意見はもっともなる次第と思ふ。しかしながら先刻閣議の劈頭において述べたる所見よりして、どうもこれは政府として採用することは出来ず。回訓案通り決定したいと思い、閣僚諸君にご相談する次第なり。本案決定の上は、海軍としては遺憾の点多々あるべきも、将来政府海軍一致の行動に出でんことを希望する」と述べた。

こうして、ようやく政府回訓案が決定された。浜口首相はただちに参内して、上奏、裁可を得、四月一日午後五時、幣原外相は浜口首相の通知により在ロンドン全権宛に回訓を発した。

(7) 軍令部長の単独上奏

四月二日、これに反発した加藤寛治軍令部長は宮中に参内して、つぎのような上奏を行なった。

「今回の米国案は勿論、その他帝国の主張する兵力量および比率を実質上低下せしむるが如き協定の成立は、大正十二年御裁定あらせられたる国防方針に基づく作戦計画に重大なる変更を来たすをもって、慎重審議を要するものと信じます」

これより先の三月三十一日、上奏を決意した加藤が宮中の都合をうかがったところ、鈴木貫太郎侍従長は、首相の上奏前に同じ件で軍令部長が上奏するのは穏やかでないとして、加藤に対して自重を促していた。このため加藤は、翌四月一日、政府の回訓決定の上奏と同時に決行しようとしたがこれも宮中の都合によって中止となり、結局、四月二日に延びてしまった。

加藤は上奏を行なった直後、新聞記者に向かってつぎの声明を発表した。

「今度の回訓に対しましては、海軍は決して軽挙することなく、辞退の推移に対することを確信します。ただし責任を有する軍令部の所信として、米案なるものを骨子兵力量に同意できないことは毫も変化ありません」

さらに加藤は財部全権宛に、あてつけとも思える、みずから起草したつぎの電報を打電した。

「機密第8番海軍次官宛御来意の趣拝承、目下内外の情勢頗る重要の秋に当り、閣下のご決心を了承毅然たる御態度を想見して大いに心強く感ずる次第なり。今度大巡七割の保有確保その他帝国海軍の将来に関する重大事項の協定を前にする今日、偏に閣下のご自愛を祈る。本職今日二日上奏後、右の如く新聞に発表せり」

(8) 山梨・財部の機密電の往復

ところで右の「機密第8番電」とは、三月三十一日、山梨次官より財部海相（全権）宛第21番電に対して返答されたものであった。

その第21番電には、つぎのように記されていた。

「小官の観るところによれば、政府においては全権請訓の案は我所期に達せざるも、今これを捨つる結果、会議の決裂を誘起することありては、帝国の前途に重大なる影響を及ぼすべし等、諸般の考慮よりして、方針としては大体全権請訓の案を基礎としたるものに決するが如く推測せらる。……大勢右の如くなるこの際、大臣閣下の御行動に関しては、特に慎重最高のご考慮を要するやに存ぜらる。

政府の方針決定以前においては自ずから別なるべきも、政府の態度右の如く決する場合、もし若槻全権と別個の御行動を採らるる如き事ありとせば、外にありては我が全権団は両分して、外部に対する威力を失い、国内にありては容易ならざる政治問題を惹起し、一人海軍が最不利の立場に立ち深き創痍を蒙るのみならず、帝国の将来のため、甚だ憂ふべき事態を醸す事あるにあらずやと憂慮せらる。

……願わくは叙情現下の情勢と利否の岐るる所をご賢察の上、この際は国家大局の上よりして難きを忍んでご自重、全権として御任務を全うせられんことを懇願する次第也。以上岡田大将同意見なり」

これに対して財部全権は、四月一日発の山梨次官宛第8番電において、つぎのような決意を述べた。

「貴官の来趣は本職においても深くこれを査察するところにして、この際いたずらに一身の小節によって国家の大事を誤り、累を将来に残すが如き挙措を慎み、最善を尽くして重責に応へん事を期す」

11　腰が定まらない財部彪海相

山梨（勝之進）次官が、なぜこのような電報を出したのかといえば、当の財部が強硬派の突き上げにあって、左右にぶれていたからであった。ここで財部彪（慶應三年〈一八六七〉四月七日〜昭和二十四年〈一九四九〉一月十三日）の人となりを概観してみることにしよう。

財部彪は、島津家発祥の地である日向の都城において、士族・財部雄右衛門実秋の次男として生まれた。父の実秋は、槍名人であり歌人でもあった。

彪が誕生した慶應三年の十一月、藩主の島津忠義の状況に際して都城隊の一員として出陣し、鳥羽伏見の戦いでは旗手をつとめた。維新後、実秋は神社の宮司となった。

財部は、明治十七年九月に海軍兵学校に入学、二十二年四月に第十五期を首席で卒業した。岡田啓介や広瀬武夫が同期だった。

明治二十二年二月、ハワイへの遠洋航海から帰った海軍少尉の財部は、山本権兵衛大佐が艦長をつとめる巡洋艦高千穂に配属された。

明治二十四年十二月、フランスで建造中の新鋭軍艦松島の回航委員としてフランス出張を命じられた。

明治二十五年十二月、財部は海軍大学校に入学し、一年間の研究生活の後、二番の成績で卒業した。二十七年二月に財部は中尉となり、巡洋艦高雄の分隊長心得に任命された。同年七月に日清戦争が開始された。十二月には大尉となり、艦隊参謀として活躍した。

日清戦争が終わると、財部に縁談が持ち込まれた。縁談の相手とは、当時、海軍省軍務局長で「陰の海軍大臣」とも言われていた山本権兵衛少将の長女いねであった。

この話に恐れをなした財部は、「身分の違いは不縁の元といいます。また権勢に付くとの世の謗り(そしり)を受けるのも心苦しい。したがってこの縁談は辞退したいと思います」と親類縁者に語ると、「何も卑下することはない。おはんは兵学校で一番の秀才ではごわはんか」と、翻意を促された。

友人に相談すると、同期の広瀬武夫は、「君の学才をもってすれば、将来の発展を期して待つべきであろう」として反対した。

しかし当時、海軍における薩閥の人材は払拭(ふっしょく)しており、薩閥としては山本と財部の結びつきによって、海軍王国再興の夢を託していた。

明治三十年五月十五日、三十歳の財部と十七歳のいねが華燭の典を挙げた。

財部彪

同三十一年十一月、岳父の山本権兵衛が四十七歳で海軍大臣になると、財部の昇進も別格で、「財部親王」と嫉妬されるほどの皇族並みの異例の速さとなった。事実、財部は同期の者よりも四年ほど早く少将に昇進した。

明治四十一年九月、財部は戦艦富士の艦長に補され、四十二年に少将となり、斎藤実海相の下で海軍次官に就任した。

大正二年（一九一三）、財部は中将に昇進した。ところが三年四月、シーメンス事件の余波を受けて海軍次官を失脚した。しかし査問の結果、事件と関係がないことがわかって、一年後に待命処分が解けた。

大正八年に財部は海軍大将となり、十一年七月に横須賀鎮守府長官となり、十二年五月、五十六歳にして加藤友三郎内閣の下で海相になった。

財部が海相に就任した三ヵ月後の八月、加藤が亡くなり、岳父の山本に再び大命が降下した。閣僚全員が辞任する中、財部だけは海相に留任した。

ところが翌大正十三年一月、前年末に起こった摂政の裕仁皇太子のお召し自動車が狙撃されるという虎の門事件によって山本内閣が倒れると、つぎの清浦奎吾内閣では財部は入閣できなかった。

しかし、清浦内閣は半年余りと短命に終わり、大正十三年六月に加藤高明内閣が成立すると、財部は海相に返り咲いた。

大正十四年一月の第二次加藤高明内閣でも財部は留任し、同十五年に成立した若槻礼次郎内閣でも留任した。昭和二年（一九二七）成立の田中義一内閣では財部は海相の椅子を同期の岡田啓介に渡したが、同四年七月二日成立の浜口雄幸内閣でまたもや返り咲くことになった。

財部は六つの内閣で海相をつとめ、任期はなんと延べ六年五ヵ月にものぼった。

初代国土庁事務次官をつとめた橋口収氏は、学習院在学中に当時院長をしていた山梨勝之進から薫陶を受けた。戦後、橋口氏は『饒舌と寡黙』という随筆集の中で、山梨から聞いた話として、「ワシントン会議における加藤全権ほどはいかなくても、ロンドンにおける財部全権が、もっと毅然たる態度をとったら、あれほど問題は紛糾しなかったのである」ということを聞いている。

ロンドン軍縮会議当時の財部海相は海軍省・軍令部と通じて人望に乏しかった。賀屋興宣氏が言うには、財部は夫人を連れて連日、ロンドン見物ばかりをしていたようで、周りから顰蹙（ひんしゅく）を買った。

昭和七年四月、財部は予備役に編入された。岳父の山本権兵衛が逝去したのは、その翌年の昭和八年のことであった。山本の死と財部の予備役編入は、海軍における薩摩閥の終焉を意味した。

結局、財部の幸と不幸は、山本の閨閥に取り込まれたことから生じた。彼は「財部親王」といわれるほど出世は早かったが、そのぶん嫉妬や反発も強かった。夫人のいねも悪妻に近く、役者に入れあげて醜聞が新聞種にもなった。

東郷元帥などは、財部がロンドンに夫人を同伴したことについて、「かかあを連れて行くとはけしからぬ」と言って嫌悪感を顕わにした。

12　ロンドン条約の成立

（1）政府の決定に従う東郷と伏見宮

四月一日、政府回訓の閣議決定後、山梨次官は東郷平八郎元帥を訪ね、これまでの経緯について報告した。これに対して東郷元帥は、「一旦決定せられた以上は、それでやらざるべからず。今更かれこれ申す筋合いにあらず。この上は部内の統一に努め、愉快なる気分にて上下和衷協同、内容の整備は勿論、志気の振作、訓練の励行に力を注ぎ、質の向上により、海軍本来の使命に精進すること肝要なり」と語った。

四月三日、沢本頼雄軍務局第一課長が伏見宮に対して、同様の経過報告を行なったところ、伏見宮海軍大将もまた、「既に一旦閣議決定せる以上、海軍が運動がましきことをなすは、却って海軍にも不利と成るべくをもって、内容充実に向かって計画実現を進め、その欠を補ふことに努力することを望む」と語った。

このように四月一日の政府回訓発出までの経過を詳しく考察すると、日本海軍は政府回訓に対して、加藤軍令部長、末次次長らを中心にして相当不満はあったものの、ともかく政府決定には従う姿勢でいた。

(2) ロンドン条約の調印

幾多の紆余曲折を経てロンドン海軍軍縮条約は成立し、四月二十二日にセント・ジェームズ宮殿において調印式が行なわれた。

軍縮条約の内容は、補助艦の保有量、単艦の排水量・備砲等を協定したほか、一九三六年までの五ヵ年、いっさいの主力艦の建造を中止すること（いわゆるNaval Holiday、海軍休日）、主力艦を米五隻、英三隻、日一隻（比叡は練習艦となる）廃棄して、十五・十五・九隻の原則を確保すること、などであった。

なお、仏伊両国は補助艦協定には加わらないで、この両国が建艦を行なう場合は、英米日はそれに応じて比例して増艦することが可能とされた。また、条約の有効期限は一九三六年十二月三十一日までとし、一九三五年に新たに会議を開催すると定められた。

13　統帥権干犯問題

（1）突然の軍令部の「不同意覚書」

ロンドン海軍軍縮条約が締結される前日の四月二十一日、軍令部第二課長の野田清大佐が堀軍務局長のところに、末次軍令部次長より山梨海軍次官宛の、「倫敦海軍条約案に関する覚書」と題する書類を持参してきた。それには、つぎのように書かれていた。

「海軍軍令部は、倫敦海軍条約中補助艦に関する帝国の保有量が帝国の国防上最小所要兵力としてその内容十分ならざるものあるを以って、本条約案に同意することを得ず」

堀は野田に対して、「該文書を直ちに申し入れて条約調印を阻止せしめんとの所存なるや」と質したところ、「否これは単に手続きとして不同意の意志を表示する書類を作成しおくものに過ぎない。……この文書はそのまま次官の手元に預かっておいて、財部大臣が帰朝されてから、財部大臣に供覧して貰いたいという軍令部長の希望である」との返答だった。

しかし、これでは穏当さを欠くと思った堀がこの文書の受理を拒否したため、古賀峯一副官がこの文書を預かることにして、古賀より山梨次官に供覧された。

これを見た山梨も、この文書では支障があると考えた。そこで山梨は、岡田啓介大将に頼んで、加藤寛治軍令部長を説得してもらうことにした。

岡田に対して加藤は、「本通牒の宛名は、原案には軍令部長より事務管理（浜口首相）宛とあったものを、軍令部長の考えで次長からに変更したものである。本通牒は事務管理に見せてもらいたくない。財部大臣帰朝後、これを見せることにしてもらいたい。しかるに何故二十一日を選びて本通牒を発したかというに、実を言へば調印前辞職を申し出でては行かぬとの意見もありたるに付き、暫く時機を待ちある次第なり」と語った。

（2）一貫性を欠く加藤軍令部長の言動

しかるに四月十九日に起案され、二十一日に発出された海軍次官と軍令部長発、財部全権宛（機密29番電）には、つぎのように記されていた。

「本邦ご出発以来長期にわたり困難なる折衝に当たられ、終始ご健闘を続けられたるは、小官等まことに感謝に堪へざる所にして、茲に会議も終末に近づき無事条約調印を見んとするに当り、遥にご健康を祈る。右若槻全権にもよろしくお伝へを乞ふ」

この時期の加藤の言動には一貫したものがなかった。すなわち腹心の末次軍令部次長の突き上げを食らうと態度は強硬になり、その一方、同郷の先輩の岡田大将より軽挙を戒められるとおとなしくなった。加藤の胸中では、条約に対して同意と不同意とが交錯していた。

政府回訓後、加藤は非公式に、「兵力量はあれで可なり」という意味のことを洩らしていたが、四月二十三日に開会された第五十八特別議会において、突如として統帥権干犯問題が持ち上がり、新聞紙上を賑わしはじめると、加藤の態度は急に頑なものになった。

それとともに、先の政府回訓の閣議決定に際しては、「一旦決定した以上、それでやるべきだ」と言っていた東郷元帥や伏見宮海軍大将までもが態度を硬化させた。

(3)「統帥権干犯」の火の手上がる

四月二十五日、浜口首相の施政方針演説につづいて壇上に上がった幣原外相は、「かかる協定の結果、わが国にとりまして軍事費の節約は実現されうることになり、しかも少なくとも協定期間内におきましては、国防の安固は十分に保障されておるものと信じます。……政府は軍事専門家の意見も十分に斟酌し、確固たる信念をもってこの条約に加入する決心をとったのであります」と述べた。

ところがこの幣原の演説に対して、浜口民政党内閣の打倒を狙う政友会、および軍令部の中から、統帥権干犯の声が上がることになった。

四月二十六日付『朝日新聞』は、犬養毅、鳩山一郎らに率いられた政友会による政府統帥権干犯非難質問に対して、つぎのような社説を掲げて批判した。

「ロンドン軍縮会議について政友会で軍令部の帷幄上奏の優越を是認し、責任内閣の国防に属する責任と権能とを否定せんとするが如きは、いやしくも政党政治確立のために軍閥と闘って来た過去をもつ犬養老と政友会の将来を指導すべき鳩山君の口より聞くに至っては、その奇怪の念を二重にしなければならないのである」

一方の軍令部側も、政友会の政府弾圧に呼応して、「第五十八回帝国議会における政府の演説答弁……において、総理大臣が何ら的確なる根拠なくして国防の安固を妄断言明せるが如きは、これまた海軍軍令部条例を無視せるものにして、斯くの如くんば軍令部は、遂に条規の命ずる職責を全うすることを慮る。この危惧を一掃し本問題を根本的に解決するは、一人海軍軍令部のみならず、軍全体に係わる喫緊の要務なりと認む」との見解を纏めた。

(4) 海軍の「軍事大権」の解釈

さて、明治憲法が定めた統帥大権（第十一条）と編制（軍政）大権（第十二条）の二つの軍事大権に関して、天皇を補佐しかつ責任を負うのは、大臣かそれとも統帥部長なのかについては、長い間、論争があった。

陸軍は伝統的に、統帥大権については参謀総長のみが責任を負い、編制大権については、陸軍大臣のみならず参謀総長も責任を負うものと理解していた。

一方海軍は、統帥大権については海軍軍令部長のみならず海軍大臣も責任を負い、編制大権については海軍大臣のみが責任を負うと理解する伝統があった。

条約の締結権は、憲法第十三条による天皇の大権であり、これが国務大臣の輔弼によることは明白であるが、軍縮条約は兵力量（常備兵額）を規定するので編制大権に関連し、ワシントン会議においては海軍部内の主務官庁となって、軍令部の意見を参考にしつつ事務を処理した。

ジュネーブ会議も同様であり、ロンドン会議においても、四月一日の政府回訓の発電まで、海軍省はこの考え方で事務を行なった。ところが、統帥権干犯問題が惹起するにおよんで、海軍軍令部は、憲法の軍事大権に関して、ほぼ陸軍の見解と同様の線を打ち出すようになった。

(5) 海軍省と軍令部の関係

堀悌吉記述による「ロンドン会議と統帥権問題」によれば、海軍省と軍令部の関係は、伝統的につぎのようなものであった。

「由来海軍軍令部は、軍政関係すなわち予算制度改廃その他一般国務に関することは直接関与することなく、また帷幄機関の本質たる範囲を超えて陸軍部外と交渉を持つという様なことはなかった。軍令部職員で部内の予算会議にも出席する者なく、大蔵省主計局への説明に出向くといふ如きものなく、また観察報告や軍事講演の類も常に海軍省官房を介していた位である。

国防用兵上の見地よりする諸般の要求は、軍令部から商議の形式をもって海軍大臣にこれを行ふことになっていた。海軍省としてもちろんこの軍令部の商議を重要視し、慎重に研究して努めて所望に応ずる如く軍政を適用したものであるが、統帥関係事項であって軍令部長が上奏するものについても、必ず事前に大臣の同意を得て居るべきものであって、御裁可後、それを海軍大臣に移して執行することになっていた。その手続きもなく、軍令部長が海軍大臣をして自己の意思通りにその案件を施行せしむると言ふ様な強制力に似たものは、軍令部長に与へられていなかったのである」

(6) 財部海相の帰朝と加藤軍令部長の上奏文

第五十八特別議会が統帥権問題で紛糾している最中、財部彪海相はシベリア経由で帰国の途についていた。政局が混乱しているところに国内状況に疎い財部が帰国し、それがさらに問題に火をつけることを恐れた山梨次官ら幹部は、国内の事情を伝えるため、海軍省副官の古賀峯一大佐をハルビンに派遣することにした。

古賀は出発前、岡田大将、浜口首相、元老の西園寺公望公の秘書の原田熊雄、加藤軍令部長らと会見して財部に対する伝言を聞いてまわったが、加藤軍令部長をのぞく意見を総合すれば、海軍内の対立を表に出すことがないようにすること、加藤を中心とする軍令部側の海相に対する辞職勧告には応じないことなどとなった。

帰朝した財部は、五月十九日の閣議後、海相官邸において加藤軍令部長と会談した。席上加藤はつぎの上奏文を提出して、その執奏方を要求した。

「恭しく惟るに兵馬の統一は至尊の大権にして専ら帷幄の大令に属す。而して天皇の帷幄に参謀本部ならびに軍令部を置かれ、国防用兵の事を按画し親裁奉行せしめらるるもの畢竟兵政の区分を闡明し、軍の統制をして政治圏外に超越し、政権の変異に拘らず用兵の綱領を保持し、以て作戦に違算なからしめんことを期せらるるにあるや疑ふべからざるなり。……倫敦会議への回訓の如くならんか啻に畏くも大元帥陛下の統帥大権を壅蔽し奉るのみならず、延いては用兵作戦の基礎を危うくし国防方針は常に政変に随ひて動揺改変せらるるの端を発き帷幄の統帥は終にその適帰するところを知らんとす」

(7)「統帥権問題」に関する二つの覚書

話は前後するが、五月二十八日に財部海相と加藤軍令部長が会談し、その結果、統帥権問題と辞職問題とを別個のものとすることで両者の合意が成立した。

その際、加藤は財部に対して、つぎの覚書を起案した。

「憲法第十二条の大権事項たる兵額および編制は、軍部大臣（延て内閣）および軍令部長（参謀総長）の協同補翼事項にして、一方的にこれを裁決処理し得るものにあらず」

これに対して堀軍務局長はつぎの覚書を起草して、軍令部案に反駁した。

「海軍大臣は海軍軍政を管理し、本省の一局をして海軍軍備その他の一般海軍軍政に関する事務を掌らしむること海軍省官制の明示するところなると共に、海軍軍令部長は攻防用兵に参画すべきこと海軍軍令部条例の定むる所なり。また省部事務互渉規定第七項によるに、兵力の伸縮に関しては、省部互に問議するとなり居るを以て、海軍大臣が兵力伸縮に関するが如き海軍軍備に関する事項を決済する場合には、海軍大臣、海軍軍令部長両者間に意見一致しあるべきものなり」

財部海相は、東郷元帥および伏見宮大将を訪問して、右の経緯を説明して了解を得た。翌二十九日、軍事参議官会議が開かれ、席上財部海相は右の海軍省案を示した。席上岡田大将は、海軍省案の方が文辞明瞭であるとしてこれに賛成した。この岡田の同意に対して、だれからも異議は唱えられなかった。

（8）加藤寛治・「辞職願」の受理を要求

翌三十日、財部海相は、閣議に先立って浜口首相および幣原外相と会談した。席上財部は、前日二十九日の軍事参議官会議の結果について報告し、「将来枢密院における説明、答弁に際しては、政府は軍部の同意を得たと認めて回訓を発したとの方針で対処したい」旨を要望した。これには浜口首相も賛成した。

ここで幣原外相が、「加藤軍令部長も同意したのかどうか」と質したのに対して財部は、前記の（機密第8番電）、およびこれに対する加藤軍令部長電を提示して、「加藤軍令部長も同意したものと理解している」との見解を明らかにした。つづいて開かれた閣議も、財部海相の方針を了承した。

同日午後、財部は伏見宮大将と東郷元帥を訪問して、軍事参議官会議で決定された覚書を提示した。両者とも堀軍務局長が纏めた覚書にある「海軍大臣が」という文句を削除してはどうかとの意見を述べたが、財部が拒否したため、両者ともやむなくこれを了承した。

同日午後四時、今度は加藤軍令部長が財部海相を海相官邸に訪ねてきて、再び「海軍大臣が」の削除を要望したが、財部はこれを拒否した。すると加藤は、軍令部長の辞職願の受理を要求してきた。

六月二日、財部海相は相談役である岡田大将と、軍令部長、軍令部次長、海軍次官の進退問題について協議した結果、加藤軍令部長の辞任を認めることにして、時期を見てこれを執行することにした。

(9) 軍令部長、海軍次官の更迭

六月六日、軍令部次長人事について、財部・加藤会談が行なわれた。席上財部は、末次次長の回訓当時からの行動と、昭和クラブでの言動からして、末次の更迭を山梨次官の転補とともに行なうと述べたのに対して、加藤は反対した。しかし財部が、山梨次官のみを更迭して末次をそのまま残すことはできないと述べたため、加藤としてもしぶしぶこれを認めざるをえなかった。

さらに財部が、「貴下が辞めるのも、わが海軍のしきたりとしては自ずから決まっている。何のかんのと言わずに、すっきりと武士的にやってはどうか」と情理を尽くして説得したものの、加藤の頑(かたく)なな態度を崩すことはできなかった。六月十九日、山梨次官、末次次長は喧嘩両成敗の形で更迭され、新しく、次官として小林躋造中将、次長として永野修身中将がそれぞれ就任した。

14　オールドリベラリスト・山梨勝之進

山梨勝之進〈明治十年〈一八七七〉七月二十六日～昭和四十二年〈一九六七〉十二月十七日）は旧伊達藩士の子供として、宮城県仙台市で生まれた。現在の宮城県立第一女子高等学校のグランドの一角に、山梨の生家址の碑が立っている。

山梨が海軍兵学校第二十五期生として卒業したのは、明治三十年（一八九七）のことであった。卒業の席次は二番であった。

当時の日本海軍は、対露戦備の「六六艦隊」に向けて懸命の努力をしている時期であり、帆走海軍から蒸気海軍に転換しつつあった。

明治三十三年、山梨は英国で建造中の三笠の回航員として渡英した。日露戦争時には、済遠の分隊長として参戦し、戦後は海軍大学校に入り、戦史研究に打ち込んだ。当時の海大には、佐藤鉄太郎、鈴木貫太郎、秋山真之など、日本海海戦で勇名を馳せた日本海軍を代表する錚々たる戦略家が教官となっていた。

海大での研究の結果、山梨は、「戦略戦術の研究は、やはり戦史が元だと思っている。過去の戦例を、統計的に検討して成敗因果の関係を明らかにすることである。しかし統計だけでは駄目だ。当時の状況にみずからを置き、事態に溶け込んで、決断、進退、処理等に指揮官の着眼を練り、歴史的課題、戦略戦術を研究して、はじめて価値があるのだと思う」との結論を得た。

海軍大学校で数理的戦略観を身につけた山梨は、冷静な判断の持ち主として、その後、海軍部内で評価されていくことになった。

大正三年（一九一四）、日本海軍の未曾有の汚職事件であるシーメンス事件が発生し、このため海軍の大功労者である山本権兵衛と斎藤実が予備役に追いやられた。この処置に対して山本と斎藤は何の抗弁もせずこれを甘受したが、山梨はこれこそが日本海軍の美風だと思った。

第一次世界大戦で山梨は、軍令部参謀として参戦し、大正五年、海大の教官としてヨーロッパ戦線の視察をした。第一次大戦後に開催されたワシントン海軍軍縮会議には、山梨は専門委員として随行して、海軍軍縮に賭ける加藤友三郎の姿を間近で見た。

山梨勝之進

ワシントン軍縮会議で山梨は、「日本は国防の最低限度として七割を一応主張したが、この主張に対しては、同情的にこれを支援する有力な仲間はなかった。要するに、各国の態度は、適否の理論的観点よりもむしろ拒否の結果によって会議不成立となり自由建艦競争に陥った場合には、財政的にその始末をどうするのかの利害論が主となり、結局は態度を決したものと思われる。……加藤元帥が、会議中の比率問題に関する態度は、じつに慎重、周密、勇断そのものであって、実際の処置としては、あれ以上は如何なる人をもってしても不可能であった」との印象を持った。

山梨は加藤の指示によって一足早く帰国し、日本海軍の権威の一人である東郷平八郎元帥に対して、日本が対米六割比率を呑むに至った経緯について説明して了解を得た。

昭和三年十二月、山梨は海軍次官に就任し、昭和五年に海軍ロンドン軍縮会議に遭遇することになった。

山梨は海相不在の海軍省にあって、海軍の最高責任者として軍縮条約の取り纏めに苦労した。

山梨が心がけたことは、海軍内部が二つに割れつつある姿を外部に見せないことであった。海軍は建軍以来、一度も政府と喧嘩したことがなく、対外策では外務省とつねに一つになってきた美しい歴史を傷つけてはならないと決意していた。しかし身分は中将だったため、前海相の岡田啓介大将に助力を願った。

ロンドン会議の首席全権だった若槻礼次郎は回顧録『古風庵回顧録』の中で、山梨について つぎのように回想している。

「山梨次官も海軍を追われたが、後に学習院長となり非常に評判がよく、未来の宮内大臣と噂された。そういう有為な人間をどうして斥けなければならないのかと、私は不思議に思う。こういう人たちは、あまり私のところへなど来ないが、いっぺん山梨に会った。私は山梨に対して、あんたなどは当たり前に行けば連合艦隊の司令長官になるだろうし、海軍大臣にもなるべき人と思う。それが予備になって、今日のような境遇になろうとは、見ていて実に堪えられん、と言った。すると山梨は、いや、私はちょっとも遺憾と思っていない。軍縮のような大問題は、犠牲なしには決まりません。誰か犠牲者がなければならん。自分がその犠牲になるつもりでやったのですから、私が海軍の要職から退けられ、今日の境遇になったことは、少しも怪しむべきではありません、と言った。これを聞いて私は、今更ながら山梨の人物の立派なことを知った」

山梨には枯れた大人の風格があった。

軍事史研究家として著名な松下芳男氏は『日本軍閥の興亡』の中で、山梨を、「彼は体躯貧弱、風采あまりあがらず、一見田舎親父の観があるが、実に円満な常識家で、人格高潔である。事務的才能と数理的頭脳の持ち主で、海軍大臣は十分に勤まる人物である。ロンドン会議では、事実上の留守大臣で、妥協案を纏めるには、どれほど苦労したかわからない」と高く評価している。

ロンドン軍縮会議が大詰めにさしかかった昭和五年三月、四月ごろ、山梨の頭を悩ましたことは、加藤軍令部長を更迭したらどのような反動が起こるのかということと、もし若槻全権が辞職し財部海相が首席全権に任命されたら、一番苦境に立つのは財部ではないかということだった。

山梨としては、ロンドン会議そのものが失敗した場合には、当の日本海軍が内外からの非難の矢面に立ってしまうことを恐れた。

山梨は、三月三十一日付で在ロンドンの財部全権宛に、血を吐くような電報を送った。

「政府においては、全権請訓の案は、わが所期に達せざるものにして、今これを捨つる結果、会議の決裂を誘起することありては、帝国の前途に対し大なる影響を及ぼすべし等諸般の考慮よりして、方針としては、大体全権請訓案を基礎としたるものに決するが如く推察せらる。……なお小官が密かに心配するところは、結局海軍として現在以上有利なる能わざるのみならず、ために海軍大臣資格問題惹起の有力なる根拠を作ることとも思わるるについては、従来の関係並びにお立場上甚だ困難と存ずるも、願わくは叙上の現下の情勢と利害の岐るるところご賢察の上、この際は国家大局の上よりして、忍びが難きを忍びてご自重、全権としての御任務を全うせん事をこんがんする次第なり。以上小官としては分を越えたる事にして洵に恐懼に堪えざる次第なるも、この重大なる時に直面し、国内諸般の情勢に鑑み、あえて尊厳を冒して微衷を披瀝する次第につき、希くはご清鑑を賜らんことを」

後に山梨は井上準之助から、「あなたは一生食べれぬほどのご馳走を食べましたね」と慰められた。当時、警視総監だった高橋雄豺から山梨は、「あの時は危なくて見ておれなかった。よくあなたは無事でしたね」と言われた。

当時の心境について山梨は、「本当にそのころは八方塞がりで、もうこうなったら覚悟を決めようと、堀軍務局長、古賀副官と語り合ったことであった。今から思うと、私の海軍ご奉公中、もっとも苦難の時代であって、感無量である」と語っている。

話は飛ぶが、平成二十二年十一月、『仙台育英会五城寮記念誌』（非売品）が発行された。この冊子は、山梨が太平洋戦争後の昭和二十六年から昭和三十三年まで仙台育英会の学生寮である「五城寮」の舎監をつとめたが、その五城寮が平成十八年に解散されることになったため、記念にその百年の歴史を一冊に纏めたものだった。

この中に、山梨の長男の山梨進一氏（埼玉大学名誉教授、平成十二年逝去）の「父の思い出」が所載されている。進一氏が語る父の思い出は、さすがに山梨という人間性をよく捉えているように思う。

「ロンドン軍縮会議の功罪は私のような専門外の者が言及すべき限りではないが、当時私は心中密かに父に声援していた。もともと身体が丈夫でなかった父はしばしば頭痛を訴え、また時には大変疲れているようであった。しかし新聞記者からの電話には必ず自ら電話口に出て丁寧に対応した。時には一晩に十回近くもかかってくることもあり、随分大変であった。見かねた母が『いい加減お断りになったらどうですか』と言うと、『向こうだって仕事なんだ。差し支えないことは話してやるのが義務だ』と言って、在宅する限りは一度も断ったこともなく、居留守を使ったこともなかった。

……ある日の朝日新聞に次のような記事が載っていた。

『軍縮問題で日夜忙しい山梨海軍次官が、三宅坂で海軍省の車を降りて皇居のお堀端を歩いていた。『お花見ですか』と言うと、『今年の花は満開にならないうちに散ってしまったなあ』と味な一言』。この記事の中には言外に好意が溢れていた。これを書いた記者は、きっとよく電話をかけてくる常連の一人に違いないと私は思った。

……昭和八年に予備役になり海軍を退職し、はじめて千歳船橋の自宅に落ち着いた。そして読書や庭仕事に悠々自適の生活がはじまった。読書は前に書いた如く禅のほかに英文学、とくにシェークスピアの戯曲やロングフェローの詩を好んだ。中でもシェークスピアの戯曲ジュリアス・シーザーの中のアントニオの演説の一〝There is a tide in the affairs of menn〟(人生に潮時あり)という句は、父の人生観の一つであった。この句の意味は、人事には潮時と言うものがあって、ただ努力したからと言って必ずしもうまくいくとは限らない、ということである。父は『どんな正しいことでも、実行するには時期と方法の選択が大事である』と言っていた。もともと苦労人であった父は、あの軍縮問題の苦い経験から、このことを痛感したのであろう。また潮時という言葉は、航海の経験から実感を持ったのであろう」

15　海軍の分裂

(1) 財部海相、ついに加藤更迭を決意

同日午前十一時、先にも述べたように加藤軍令部長は天皇に拝謁していた。この際、加藤は、海軍大演習に関する事項を上奏した後、さらに統帥権問題についての所信を述べ、かねて財部海相に提出した上奏文を捧持朗読し骸骨を乞うた。

後刻、天皇は財部海相に向かって、「加藤がこういうものを持って来て自分にこう

言ったが、話の筋が違う。加藤の進退についてはお前に一任するから、それからこのものはお前に返すから」と言われた。

午後三時過ぎ、加藤は海相官邸において、財部海相に面会した。席上財部が、「まことに残念であった」と述べたところ、加藤は、「今日あることはワシントン会議の失敗に鑑み、二度と軍備を外交の犠牲となさしめざらんがため、かねて覚悟したる上のことなるが事志と違い、再び外交の犠牲となさしめたるは遺憾至極なり」と返答した。これに対して財部は、「予はそうは思わん」と語った。

会見終了後、財部海相は、岡田大将をはじめ海軍省幹部を集め、加藤との会談の内容について報告し、「厳密に言えば官規を乱し、海軍大臣の顔に泥を塗ったもので、大臣は陛下にお叱りを受けるべしとも思う。私はとりあえず侍従長と会い、今日はかくかくの事件があり、まことに恐懼に堪えない旨を申す考えである。……ここに通常の人事行政の手続きをやるほかないだろう。……そうなれば参議官に転じさせてもよろしいか」と述べた。

これに対して岡田は、「事ここに至っては如何ともすることができない。谷口（尚真、呉鎮守府長官）と交替がいいだろう。あらかじめ加藤を軍事参議官にするのがよかろう。それはすぐにやらねばならない」と、財部の考えに同意した。

(2) 新軍令部長に谷口が就任

午後四時三十分、財部海相は天皇に拝謁し、谷口の海軍軍令部長、加藤の軍事参議官就任を奏請した。天皇は、とくに「後任者の兵力量に関する意見はどうか」と下問された。

これに対して財部海相は、「谷口はきわめて穏健なる意見を持っています。財部は先般帰朝の途次、京城にて図らずも谷口と会見しましたが、谷口はこの兵力をもって協同一致してやらねばならぬ、との意見を持っておりました」と奉答したところ、天皇は「よし」と満足気に頷かれた。

翌十一日、加藤軍令部長が更迭され、谷口が新軍令部長に就任した。

六月二十三日、軍事参議官会議が開催され、前記の堀軍務局長草案に若干修正を施したところの左記の覚書「兵力に関する事項処理の件」が可決された。

「兵力に関する事項の処理は、関係法令によりなお左記による儀と定めらる。海軍兵力に関する事項は、従来の慣行によりこれを処理すべく、この場合においては、海軍大臣、海軍軍令部長間に意見の一致しあるべきものとす」

（3）財部海相の更迭決定

さて、このころから海軍部内においては、財部海相に対する批判が高まってきた。

六月二十日、山本英輔第一艦隊兼連合艦隊司令長官は岡田大将を訪問し、「昨夜、麻布の興津庵で、艦隊の長官・司令官の集まりがあった。そこに出席した皆が、大臣は速やかに辞職しなければならぬという。軍令部長のみを辞めさせて大臣がその職に留まっているのは、大臣の将来のためによろしくない」と語った。

六月二十四日、岡田大将は、特命検閲使のご沙汰を賜るために拝謁したあと、奈良武次侍従武官長と会談したが、その際、岡田は、「財部が部内で評判が悪い。自分がその辞職勧告の役回りを押し付けられることを恐れている」と語った。

同日、岡田は海軍省において谷口軍令部長に対して、「早く兵力補充の計画を定め、伏見宮と東郷元帥に対しては、責任者たる海軍大臣と軍令部長から、極力了解を願わねばならぬ」と忠告した。

これを受けて谷口軍令部長は、ロンドン条約批准および同条約にともなう兵力量補充案について、伏見宮と東郷元帥から了解を得るための懸命の説得工作に乗り出した。

その結果、伏見宮は、「ロンドン条約は不満であるが、政府において適当な補充計画を立てるならば、ほぼ国防を全うし得る。ロンドン条約は批准されねばならぬ」と言うまでになった。

一方、東郷元帥は、ロンドン条約に対する強硬な姿勢をなおも崩そうとはせず、「一九三五年の会議で云々するも、今達せられないものが、どうして将来達せられようか。今一歩退くのは、これ真に退却するものである。危険きわまりない」と批判した。

七月三日、加藤寛治は東郷元帥の説得工作のために訪ねてきた谷口に対して、「何を言うても元帥は、政府ことに財部海相にまったく信を置かれんのであるから、第一条件として財部を辞職せしめずしては到底問題とならず」と語った。

七月三日午後二時三十分、水交社で、岡田、加藤、谷口が会談を持った。席上、岡田は、「加藤から財部が辞職すれば東郷説得に協力するとの言質を取った」と語った。そこで岡田は、七月四日午後七時、官邸で財部海相と面会し、局面打開の方策として、批准後、財部が辞職することを、伏見宮と東郷に表明するように説得した。

伏見宮博恭

同夜遅く、財部は谷口に対して、辞職の意向を述べた。そこで岡田と谷口の二人が、伏見宮と東郷元帥に対してこのことを伝えることになった。

伏見宮と東郷は、岡田と谷口に対して、財部の即時辞職を強く要求した。七月六日早朝、財部海相は東郷元帥を訪ね、明確に辞職することを告げた。

同日加藤は、岡田との約束にしたがって説得のために東郷元帥のもとを訪れたが、その際、東郷元帥は、つぎのように語った。

「財部はまた、陛下が条約の批准を望まるる様にご沙汰のあったことを今度も予に話したが、自分はこう言ってやった。『けれども例え御上のお言葉たりとて、それが正しからずと考ふればお諫め申さねばならぬ。殊に軍事上のことは軍事参議院というものがあり、こういう場合に信ずるところを申し上げてご意見をいたすのがその責任ではないか。すなわち善い悪いを決議して上奏することをしなければ軍事参議院などあってもなくてもよい。財部大臣が大臣としてそうなさるならば、自分は自分で元帥として尽くすべきところを尽くし、所信を申し上げるであろう。……いずれにしても大臣の代わることは一日早ければ一日の利がある。……岡田大将は大臣がすぐ辞めると政治上の影響が重大だと縷々述べたが、片々たる政府が倒れようと倒れまいと海軍の崩壊には代えられぬ。政府は自家の都合のままで海軍を引きずっているのだ。こんな政府は早く代わって立て直し、明るい政府にした方が如何に海軍の為になるかしれない』」

（４）条約批准手続きをめぐる駆け引き

七月八日、財部、谷口、岡田も三人が条約批准の仕方について協議した結果、伏見宮、東郷元帥とも元帥府でも軍事参議院でもいいということだったので、前例により元帥府諮詢を決定し、そのための手続きを進めることにした。

数日後、谷口は東郷に対して元帥府諮詢について陸軍側も同意した旨を伝えたところ、東郷は、「元帥府諮詢のことについては昨夜よく研究したが、このたびのことはなるべく多くの人の意見を聞きたいと思う。また元帥府諮詢となると、上原（勇作、陸軍）という理屈を言う男がいる。はなはだ面倒である。したがって軍事参議院と言うことにできぬか」と言った。

これに対して谷口は、「軍事参議院としますと、海軍のみの軍事参議院になります。……そうなるよう取り計らいます」と返答して、これを了承した。

東郷平八郎

七月六日、加藤寛治は東郷元帥を訪れた際、「軍事参議院または元帥府へご諮詢のことは絶対に必要でありますが、陸海軍一緒では多数決に不利あり。無理解、反感などから却って不純なる発言をする者もないではありませんから、海軍だけでよろしかろうと思います」と語っていた。

加藤の言動の裏には、海軍軍事参議官会議ともなれば、条約賛成は、財部、岡田、谷口の三人であり、反対は伏見宮、東郷、加藤の三人と予想され、そうすると議長である東郷元帥の一票によって決せられることになるという読みがあった。

かくして七月二十一日午前八時半、海相官邸において、非公式軍事参議官会議が開催された。出席者は、東郷元帥、伏見宮、岡田、加藤の各軍事参議官、および財部海相、谷口軍令部長であった。

(5)「補充案」で揉める軍事参議官会議

さて会議では、「補充案」「防御計画」「ご諮詢案」「奉答文案」についての審議が行なわれた。

伏見宮が、「この補充計画につき、海軍大臣はできる見込みであるか」と質問したのに対して、財部は、「それは政府の財政の都合によりますので、海軍でこれだけ入用だと言っても、財政状況によって全部実現するとは申しかねる」と返答した。

しかし、伏見宮はこの財部の返答に納得せず、重ねて「そのような頼りないものではよくない」と叱責した。

そのため谷口は、「本日の会議はこの程度で打ち切り、大臣から政府が誠意をもって欠陥補充をなすの意ありや否やを確かめられたし」と助け舟を出し、午後三時に散会した。

同夜、首相官邸において、浜口首相、幣原外相、財部海相、安達謙蔵内相、江木翼鉄相の五閣僚が集合して、対応策を協議した。その結果、翌日引き続き開催されることになっている軍事参議官会議で、財部海相がつぎのように陳述することにした。

「国防方針に基づく作戦計画を維持遂行するために兵力に欠陥ある場合、これが補填を為すについては、海軍大臣としては軍令部と十分協議を遂げ、最善の努力をもってこれが実現を期すべきは申すまでもありません。なお総理大臣につき、このことに関しその腹を聞きたるに、『軍事当局において研究の結果、兵力の補填を要するものありということであれば、政府としても財政その他の事情の許す範囲において最善を尽くし、誠意をもってこれが実現に努力する考えである』と確かめたのであります」

七月二十二日の会議の直前、財部は岡田と谷口に対して、この陳述書を示した。その際、岡田より、この陳述書中の「の許す範囲において」は、かならず文句がつくから削除した方がよい、との助言があった。

さて会議では、財部海相が、右の箇所を「を緩急按配し」と改め、政府との交渉の結果について説明した。これに対して東郷元帥より、「兵力に欠陥ある場合を」の箇所を、「兵力に欠陥あり、で止めてはどうか」との意見が出された。

しかし岡田が、「この補充案は、加藤軍令部長時代に立案され、その後練って補充案があるのに、上奏しないと軍部としてその職責を尽くさざることになる」と主張したため、結局、右の原案に、東郷、伏見宮をはじめ全員が賛成することになった。

同日、谷口軍令部長は、急ぎ葉山の御用邸に赴き、天皇に軍事参議官会議の招集を上奏した。

(6)「奉答書」が正式に可決

翌七月二十三日午前十時、宮中において海軍軍事参議官会議が開催された。

席上、谷口軍令部長より左記の「奉答書」についての説明がなされ、全会一意をもってこれを可決した。

奉答書は、七月二十三日、東郷元帥から天皇に捧呈された。次いで谷口軍令部長の上奏により、内閣総理大臣が閲覧し、二十六日に浜口首相はつぎの敷奏(ふそう)を捧呈した。

「今般閲覧せしめられたる倫敦海軍条約に関する軍事参議院の奉答につき、恭しく案ずるに帝国軍備の整備充実はこれをゆるがせにすべからず。軍事参議院の奉答せる対策は洵に至当の儀と思料するをもって倫敦海軍条約御批准を了せられ実施せらるる上は、大臣は該対策の実行に努むべく、而してこれが実行にあたりては、固より各閣僚と共に慎重審議し財政その他の事情を考慮し、緩急按配その宜しきを制し、さらに帝国議会の協賛を経てこれが実現に努力し最善を尽くして宏謨(こうぼ)を翼賛し奉らんことを期す」

(7) 民政党の圧勝

昭和五年（一九三〇）二月の総選挙において、民政党は、金解禁、財政緊縮、公債整理、産業合理化、国民負担の軽減、などを選挙公約に掲げて戦い、政友会百七十四名に対して、民政党二百七十三名の絶対多数を獲得し、完全なる勝利をおさめた。

浜口内閣にとっては、財政の緊縮と国民負担の軽減をはかる上からも、海軍軍縮はぜひとも必要であった。

浜口内閣の井上準之助蔵相は、当初、海軍が要求した海軍補充計画費四億一千五百万円に対し、九千万円削減し、三億二千五百万円しか認めず、海軍建艦費留保財源五億八千万円のうち少なくとも一億五千万円の減税（営業収益税、地租、織物および砂糖消費税）を断行しようとしていた。しかし結局、井上蔵相は、一千六百万円水増しして、補充計画は三億四千百万円となり、減税の方は一億三千四百万円にとどまった。しかし、これは今日の貨幣価値に換算すれば、一兆三千四百億円以上にもなるもので、昭和六年度予算の歳入が一億五千万円と減少する大不況の際、大英断と言えた。

昭和六年度総予算編成は、田中義一前内閣が編成した十七億七千三百万円に比べると、じつに三億二千五百万円もの大幅減税であり、浜口内閣が成立した昭和五年度予算と比較しても一億六千万円もの大削減となった。政府はこのうち陸軍省に二千七百万円、海軍省に四千四百万円もの節約および繰り延べを強要した。

昭和五年十一月十日、昭和六年度予算について、前日の九日、安保清種海相と井上蔵相との間で了解が成立したことを聞いた元老西園寺公望は秘書の原田熊雄に対して、つぎのように語った。

「まあそんなことだろうと自分も思っていたが、しかし上出来だった。非常に思ひ切った緊縮だったけれども、まあ金解禁も出来たし、ロンドン条約も出来、予算も減税も補充計画もこれで無事済んで、非常に良かった。西園寺は国家のために喜んでいる。

総理大臣も非常にご苦労であったろう。どうか宜しくいってくれ。なほ江木鉄道相にもまた特に井上大蔵大臣にも、非常にご尽力で西園寺は国家のために頗る欣快に堪へぬと言うていたと言付けてくれ」

浜口内閣は、軍人、政治家、国民の一部の反対に対して、圧倒的多数の国民の支持と宮中方面の声援を背景にして、満々たる自信をもってロンドン海軍軍縮の批准を達成した。このことは日本のデモクラシーと政党政治にとって記念すべき勝利であった。

16　海軍良識派の衰退

(1)　戦時大本営条例、同勤務令の改定

ロンドン条約をめぐる日本海軍内の条約派と艦隊派の対立は、一応、山梨、堀、および加藤（寛）、末次らを更迭する形で収拾されることになった。形は両派相殺だったが、実際的には条約派の衰退といえた。加藤・末次派が海軍内で権力を握る中で、昭和六年（一九三一）十二月、陸軍が閑院宮を参謀総長に据えると、海軍もまた谷口尚真に代えて、翌七年二月二日、艦隊派寄りと見られていた伏見宮を海軍軍令部長に擁立した。さらに加藤、末次派は、十一月八日、就任以来わずか四ヵ月の百武源吾に

高橋三吉

代えて、加藤直系の高橋三吉を軍令部次長に据えることに成功した。

無定見な宮様部長を担ぐ軍令部の実質的権力者は次長の高橋であり、その高橋は海軍大学校、軍令部、連合艦隊と相次いで加藤の幕下にあり、加藤が軍令部次長時代は、一班二課長として仕えた腹心の部下だった。

高橋は次長に就任すると、早速軍令部令の改定に取り組むことを決意した。しかし、この改定には大きな抵抗が予想されたため、すぐにはこの改定を行なわず、手はじめに戦時大本営組織の改定から取り組むことにした。

高橋は、軍令部第二課長時代（大正十一年十一月～大正十三年五月）に軍令部令の改定を試みたことがあった。

大正十一年、第四十六帝国議会において加藤友三郎海相は、「主義として軍部大臣は武官でなければならぬとは考へておらぬ。主義の問題でなくして実行上において円満に行くかどうかが問題である」と答弁していた。

『加藤伝言』にも、「文官大臣制度は早晩出現すべし。これに応ずる準備を為し置くべし。英国流に近きものにすべし。これを要するに思い切りて諸官衙を縮小すべし」と述べており、英国流の文官大臣制度確立に強い期待を抱いていた。

一方、高橋は、近い将来予想される文官大臣出現に対処すべく、できるだけ軍令部の権限を拡大することを意図していた。しかし、加藤（寛）次長、末次班長らは、大御所の加藤友三郎の叱責を恐れて、高橋の意図に積極的に応じようとはしなかった。

大正十二年六月、加藤（寛）に代わって堀内三郎が次長に就任した。堀内は、「これは現行のものと比べて大改革だ。正式に商議しても事は面倒だ。軍令部の意見として提出しよう」と考えた。

日本海軍においては、山本権兵衛海相時代から海軍省の権限は絶大なものがあり、伝統的に軍令部に対して海軍省が優位を維持していた。

佐藤鉄太郎は、軍令部次長時代（大正四年八月〜同年十二月）この改定を企てたが、加藤（友）海相の忌避に触れ、突然、次長から海軍大学校校長に左遷された。このような経緯を経て軍令部側は、その権限強化の第一歩として、戦時大本営編制と職員勤務令の改定に着手することにした。

海軍省側の担当者は軍務局第一課長の沢本頼雄大佐、そして後任の井上成美大佐であった。

軍令部による改定案とは、従来、海軍大臣の下にあった「海軍軍事総監部」以下の軍政諸機関を廃止し、「大本営海軍戦備考査部」の一機関を新設し、ここに大臣以下の海軍省首脳を包括し、これを軍令部長の下に置く軍令機関とするとした。さらにまた「大本営海軍報道部」を新設することによって、報道宣伝を実質的に軍令部側の担当にするというものであった。

次いで軍令部側で着手したのが、軍令部編制の強化改定だった。

明治二十六年、海軍軍令部が発足した時には、部長の下に、第一局（出師作戦、編制など）、および第二局（教育訓練、課報など）があり、総定員は海外の公使館付将校や部内の書記などをふくめても二十九名という小所帯だった。

軍令部改定案は、組織については、第一班長直属（国防方針、戦争指導、軍事条約など）、第三班長直属（情報計画、情報総合など）を新設し、また第三班に二課増設して第七課（欧州列国軍事調査）、第八課（戦史）とし、さらに第四班を通信関係班として独立させ、第九課（通信計画、通信要務）、第十班（暗号研究）、第十一班（暗号維持）に改定しようというものだった。

この改定案でもっとも特徴的な事項は、戦争指導を担当する第一班長直属、海外情報を総合する元締めとなる第三班長直属、それに海軍省の電信課を入れる軍令部第九課の新設であり、これによれば、軍令部は戦時のみならず平時においても、その権限を拡大維持できることになるのであった。

これに対して海軍省側は、局長や課長は皆反対の態度をとった。このため改定案は、藤田尚徳次官、寺島軍務局長の間で止まったままになった。そこで高橋次長は、岡田海相との直談判で事態を打開しようとした。

軍令部側は、期日を定めて海軍省に回答をもとめ、その期日まで回答しようがしまいが改定を行なおうとした。当時、海軍軍令部内の編制、各課の定員は、定員増加をのぞいて、軍令部長の独自の発令で実行できることになっていた。

昭和七年九月三十日、高橋は海相官邸で岡田海相と会談した。岡田が「自分はこんな乱暴な案は見たことがない。不都合千万じゃないか」と言ったところ、高橋は、「もし改定がかなわぬのであれば、軍令部次長の重責を辞する決心でいる」と嘯（うそぶ）いた。

とうてい岡田としては、この改定案には賛成できなかった。そこで岡田は、唯の見たという印として、【岡田】の印をさかさまに押したのだった。高橋は、「何でも構わぬ。断行する決心には変更はないのだ」との考えの下に、喧嘩別れの状態でこの改定を強行した。

こうして昭和七年十月十日、軍令部長の権限で軍令部編制の改定が発令された。しかしながら、定員の増加は海軍大臣の認めるところとならなかったため、結局、既存の定員を広く新設組織に割り振る形で改定されることになった。

(2) 新軍令部条例、省部業務互渉規定と井上成美

昭和七年十一月一日、井上成美は海軍省軍務局第一課長に就任した。すると間もなく井上は高橋軍令部次長から呼ばれ、つぎのように告げられた。

「君は今度一課長となるが、自分はロンドン会議以来の海軍の空気を一掃しようと思っている。ついては大いに君に助力して貰わねばならない。統帥権などの問題などもあって、改正しなければならない点もあるので、十分君に御願いする次第である。これらのことは今やらなければならない」

井上は「今やらなければならない」とは、伏見宮在任中を意味すると直感した。

そこで井上は、「ロンドン会議以後の嫌な空気を何とか一掃しなければならないという意見に対しては、まったく同意見でございまして、自分としても微力ながら十分これに協力したいと思っています。然るに貴官の部下は、貴官のご趣旨と全然反対の言動をやっていることをご存知ですか。たとえば軍令部の課長、参謀等の中には、演習や戦技等に行って、軍令部はかくかくの意見だが、海軍省の役人が腰抜けだから

云々と言う者がいるが、これでは地方や艦隊の者には、あたかも部内に対立があるかのごとく響きます。かくいうようなことをしておっては、ロンドン会議以後の陰惨な空気を一掃するどころか、ますますこれをアジテートすることをご存知ですか。……今一つ、統帥権問題の解決と言われましたが、自分は正しいことだったら喜んでやります。但し軍令部の主張だからといって、頭から押し付けて来られたのでは、私は承知いたしません。正しきことでなければやりません」と、きっぱりと断った。

昭和八年三月二日、海軍省と軍令部の間で、軍令部条例と省部互渉規定改正の商議が開始された。

当時の井上の心境は、「ことは重大である。どうしてもやると仮定しても二年や三年研究を要することだ。また時期として今がよいかどうか。五・一五事件の直後、ロンドン会議後の統帥権問題等を俎上に上がらせることは、ますます波瀾を新たに巻起こすこととなり、時期として宜しからず。尚この問題について殿下を戴いている時にこれをやることは、不自然なる方向に事が収まる危険があるから、一課長自身としては二年の在任中これを握りつぶそうと決心した。そうすれば軍令部の人も替わり、今空気も変わるだろう。前に軍令部の編制替えを押し付けた遣り口をもってみれば、今頃やることではない。ところで握り潰すには誰が悪者になればよいか。主務はA局員のところだが、問題があまり大きく難しいこと、またA局員に握り潰せとは言へぬから、自分がこれを取り上げることにした。結局A局員は内容を見ずに課長に渡した」

しかし六月下旬、省部間で逐条の交渉を行なうことになったため、井上はそれまで研究した成果を、上司に提出した。

第一の問題は、陸軍側の名称に倣って、海軍軍令部の名称を、「海軍」を取って「軍令部」に、「海軍軍令部長」を「軍令部総長」に変更することであった。

海軍省側（井上）の意見は、つぎのようなものだった。

「これは明治二十六年頃からの古い歴史あり、畏れ多くも明治大帝のご制定になったものである。この名で日清、日露の大戦に参加し伝統に輝く立派な名前である。これを何故取る必要があるか、実に嘆かわしい思想である。参謀本部の真似をする必要はないではないか。何か不都合があるか。海軍と言う字が嫌いなのか。国家的機関の名前等は左様軽率に変ふべきものではない。書記官や法制局あたりも全然同意見であった。高橋次長は感情に走って冷静に理屈を聞いてくれぬ。上奏の時御下問があったらどうするか。『海軍』を取るとことの理由は有力なものは何もない。しかも御下問になりさふな点である。『部長』を『総長』にすることはそれでも差し支えない」

第二の問題は軍令部条例で、海軍軍令部長は、「国防用兵に関することを参画し、親裁の後、これを海軍大臣に移す。但し戦時にありて、大本営を置かざる場合においては、作戦に関することは海軍軍令部長にこれを伝達す」とあるのを、総長は「国防用兵の計画を掌り、用兵の事を伝達す」と改め、用兵、作戦行動の大命伝達は常に総長の任にしようとするものだった。

第三の問題は、軍令部条例第六条の軍令部参謀の分掌事項をすべて削減し、海軍軍令部担当事項は、さらに下位の規定である「省部互渉規定」とか、「事務分課規定」とか、「服務規程」に具体的に出すというものだった。

こうした問題に対する井上の見解は、つぎのようなものだった。

「第一条の国防用兵の『及び』は要らぬ。第一条は極大体のことを極めるべきである。国防用兵とすれば国防と言ふことと用兵と言ふことと離した二つのものが出来る。国防用兵とすれば大きな根本のことを示すやうになる。……旧条例第六条の参謀の分掌事項の定めたのを削除したことは宜しくない。これは軍令部の実際の所掌を定めたものである。故にこれを取ってしまえば、軍令部は何でも干渉してくることとなる。第一条は大体のことを示し、内容は第六条で明らかになっておるので、第一条は例へば『軍令部を東京に置く』といふ意味の如きものである。改正案のようにすれば国防のことでも用兵のことでも何でも言へる事となり、しかも海軍のこと、およそ国防または用兵に関係せぬことは一つもない。また第三条に用兵のことを伝達すとあるが、用兵とは何ぞやと言ふことが決まらずしては承認できぬとしたがなかなか聞かぬ。一課長としてはこれは互渉規定で判然とすることだからと言ふので、軍務局長も承認された。第一条と用兵のことを伝達するところと六条の参謀の分掌事項のことが主要なる問題であった」

当時、海軍省側には、海軍大臣は憲法上明確な責任を持つ国務大臣であるのに対して、海軍軍令部長は大臣の部下でもなく、また憲法上の機関でもないから憲法上責任をとることがないので、大臣の監督権の及ばない軍令部長に大きな権限をあたえるのは、立憲政治の原則に反して危険であるという考え方が基本的に存在していた。

海軍軍令部の省部互渉規定改定案は、それまで海軍省の権限と責任に属していた事項の相当部分を、軍令部の権限内に移そうとするものだった。

つぎに軍令部の権限拡大の具体的内容について記してみれば、第一に、兵力量に関する主務を明確に軍令部側に移すことであった。

この問題は、ロンドン条約回訓問題以来、海軍上層部の間で揉みに揉んだすえ、昭和五年七月、財部海相が上奏して裁可を得、「海軍兵力に関する事項は従来の慣行によりこれを処理すへく、この場合においては、海軍大臣、海軍軍令部長に意見一致しあるべきものとす」と決定された。

しかし、「従来の慣行」の意味が不明確だったことからその後も問題となり、昭和八年一月、陸海軍首脳四者（荒木貞夫、閑院宮載仁、大角岑生、伏見宮博恭）の間で、「兵力量の決定について」という覚書が作成された。それによれば、「兵力量は国防用兵上絶対必要の要素なるをもって、統帥の幕僚たる参謀総長、海軍軍令部長これを立案し、その決定はこれ帷幄機関を通じて行はるるものなり」となっていた。

第二は人事行政の問題だった。従来は海軍大臣の専権する軍政事項とされ、互渉規定で参謀官の進退に関してのみ大臣が軍令部長に商議するように決められていたが、軍令部案によれば、兵科将官、艦船部隊指揮官にまでその範囲を広げて起案件をもとめようとするものだった。

第三は警備船の派遣問題だった。従来は軍政事項として海軍大臣の主務だったものを、軍令部総長の主務とし、起案も上奏も伝達も、軍令部側が実施しようとするものであった。その他、教育、特命検閲などについても、省部いずれを主務とするかで問題となった。

井上に対する軍令部側の交渉者は第二課長の南雲忠一大佐だった。その南雲が、ある日ものすごい剣幕で井上のところにやって来て、「貴様のような訳のわからない奴は殺してやるぞ！」と怒鳴った。

井上も負けじと、「やるならやってみろよ。そんな脅しでへこたれるようでは、職務が務まるか！」と言い返し、机の中から自分の遺書を取り出して、南雲の顔の前に突きつけた。

そんな状態であったため、井上と南雲の間の課長レベルの折衝はまったく進まなかった。商議はそのまま寺島健軍務局長と嶋田繁太郎第一班長の会談に繰り上げられることになり、さらに七月三日、高橋次長から藤田尚徳次官に直接話が持ち込まれた。しかし、ここでも商議は停頓することになった。

ところが七月十一日以降、大角海相が伏見宮軍令部長と折衝した結果、七月十七日になって、大角は宮様部長の威圧に屈して、海軍省主務局不同意のまま軍令部の改定案に基本的に同意してしまった。こうした軍令部の権限強化の動きに対して斎藤実首相は、「かれこれ変更することは、甚だ面白くない」と語った。また鈴木貫太郎侍従長も、「加藤友三郎内閣の時、一応その話が出た。加藤大将は、『自分の目の黒いうちは、さういふことはさせぬ』と言っておられた。……参謀本部のやうにすれば、海軍には非常な危険を伴ふ」と強く批判した。

その後、省部間で合意事項を法文化する作業が開始されたが、その過程においても省部間の意見の食い違いが表面化することになった。たとえば海軍省側が、「海軍軍令部総長」としようとして紛糾したり、互渉規定の主客が改まったりして問題になった。

九月に軍令部側は最後案を提示したが、その際、伏見宮は大角を呼んで、「この案が通らなければ軍令部長を辞める」と語り、「私が大演習に出発するまでに片付けたい」と、期限をつけて軍令部案の承認を大角に迫った。

九月十六日、井上は寺島から軍務局長室に呼ばれ、「ある事情により、この軍令部案によって改正をしなければならなくなった。こんな馬鹿な案で改正をやったということの非難は局長みずからこれを受けるから、曲げてこの案に同意してくれぬか」と言われた。

そこで井上は、「自分で正しくないと思うことに、どうしても同意できません。私は長年ご奉公してきましたが、常に正しいことをやる、不正なことはどこまでも反対する方針で来ました。また当局も自分をそういふ位置に使ってくれましたし、私もこれでご奉公をしてきました。今度の事情はどうか知らぬが、自分で不正と信ずるものに同意しろと言われることは、井上自身の節操を棄てろといわれるに等しい。自分は今更自分の操を棄てたくはない。井上の操を棄てろと言はれるのは、井上に自殺を迫るのと等しく、自分としてはどうしても同意できません。この問題について、大臣、次官、局長に対し、毛頭不平を持っておりません。却って自分を重用していただいたことに付き深く感激しておりますが、自分の操は棄てられません。この案を強化される必要ありとすれば、第一課長に替えて判を押せるのを持って来て通される必要がありましょう。自分としてはこういふ事態に至らしめた道徳上の責任は負います。これで現役を退かされても毫も悔やむところでありません。正しきことが通らず、不正が通るようでは、そんな海軍では働くところがありませんから辞めさせてください」と言った。

井上の反対にもかかわらず、九月中旬には省部の案が確定し、九月二十一日、大角海相は軍事参議官会議を招集した。席上加藤寛治が立ち上がって、祝辞を述べた。

九月二十五日、大角海相が天皇に裁可を願い出たところ、天皇は種々質問され、即日裁可されず、翌二十六日、ようやく裁可された。

天皇は大角へのご下問の中で、「この改正案によると一つ運用を誤れば、政府の所管である予算や人事に、軍令部が過度に介入する懸念がある。海軍大臣としてこれを回避する所信は如何。即刻文書を出すように」と懸念を表明された。

しかしながら、新軍令部条例は、九月二十六日付けで「軍令部令」と名称を変え、また新省部互尚規定は「海軍省軍令部業務互渉規定」と名称を変えて、同年十月一日付けで発令された。

17　大角人事

昭和八年一月九日、岡田啓介に代わって大角岑生大将が海相に就任した。ところが、八方美人的な大角は「宮様」軍令部長の威光を利用して、加藤友三郎の流れを汲む、いわゆる条約派の将官をつぎつぎと放逐することを強要する高橋次長の尻馬に乗って、いわゆる「大角人事」を行なった。

昭和八年十一月十五日、海軍の大異動が発表されたが、同日付の『朝日新聞』は、つぎのように大角人事を批判した。

「大角海相の最近における人事行政が兎角の不評を招いていた事実もあったので、一般に多大の注目を引いていたが、発令されたところを見るにかなり常道を離れて無理している点もあり、必ずしも欠陥なしとは言い難い。すなわち先の寺島（健、軍務局長）中将問題に続いて佐世保鎮守府長官左近司政三中将、第一戦隊司令官堀悌吉中将をいずれも軍令部出仕としたことなどは、いわゆるロンドン条約派を排撃する一部の

大角岑生

勢力関係に押されて、有用の人材を無批判に閑地に投じたるものであるとの批評もあり、部内でも不備の意を洩らしている向きも少なくないようである。すなわちロンドン条約の責任者は上層だけで済むべきであるのに、当時事務官であった者まで責任を問ひ、清算の刃を加えることはいたずらに有用の人材を失ふ所以(ゆえん)であると憂慮するものが多い。それに今回の異動で特に注目を引いていることは、いわゆる軍政系統を閑却し軍令系統を重要している点である。これは部内統制上いろいろ複雑な事情があってのことであろうが、人事行政の大局から見れば、決して歓迎すべきことではない」

元海軍大佐の実松譲氏は、その著『ああ日本海軍』の中で、つぎのエピソードを伝えている。

「昭和九年、二年間の米国駐在を終わって帰国した中沢佑中佐は、山梨勝之進に会って、『私がアメリカへ行っている間に、軍政方面の権威者たちが相次いで海軍を去ったのは、どうしても腑に落ちませんが、これは一体どういうことですか』と質(ただ)した。すると山梨は、『君もそう思うか。一度君と二人きりでゆっくり話をしよう』といい、数日後に水交社で夕食を共にしながら、山梨は語った。『中沢君の言うとおりだよ。しかし海軍の人事は、一旦海軍大臣が腹を決めたら、どうにもならん。大角海相の後ろから、いろいろな示唆や圧迫がかかっているんだよ。具体的に言えば、伏見宮殿下と東郷さんなんだ。東郷さんが海軍の最高人事に口出しをしたのを私は東郷さんの晩節のために惜しむ』」

山本五十六中将は、当時第二次ロンドン会議予備交渉のため、ロンドンに滞在していたが、海兵同期の親友の堀悌吉の予備役編入の報を聞くに及び、つぎの手紙を堀に送った。

「吉田（善吾）より第一信により君の運命を承知し、爾来怏怏の念に絶えず。出発前相当の直言を総長にも大臣にも申し述べ、大体安心して出発せる事、茲に至りしは誠に心外に耐えず。坂野の件等を併せ考うるに海軍の前途は真に寒心の至りなり。かくの如き人事が行なはるる今日の海軍に対し、これが救済のため努力するも、到底難しと思はる。やはり山梨さんが言はれる如く、海軍自体の慢心に斃るるの悲境に一旦陥りたる後、立て直すの外なきにあらざるやを思はしむ」

つぎに掲げるのは、大角海相時代の主な予備役編入の将官とその略歴である。

①谷口尚真大将（十九期）―加藤寛治大将の後任の軍令部長、軍事参議官を経て、昭和八年九月に予備役編入。
②山梨勝之進大将（二十五期）―ロンドン会議時の海軍次官。その後、佐世保、および呉鎮守府司令長官、軍事参議官を経て、昭和八年三月に予備役編入。
③左近司政三中将（二十八期）―ロンドン会議時の首席随員。その後、練習艦隊司令長官、軍事参議官を経て昭和八年三月に予備役編入。
④寺島健中将（三十一期）―軍令部条例改定時の海軍省軍務局長。その後、練習艦隊司令長官在任一ヵ月を経て、昭和九年三月に予備役編入。
⑤堀悌吉中将（三十二期）―ロンドン会議時の軍務局長。その後、第三戦隊司令官を経て、昭和九年十二月に予備役編入。
⑥坂野常善中将（三十三期）―軍事普及部委員長の時の新聞発表が問題となり、昭和九年十二月に予備役編入。

大角が海軍大臣在任中（昭和八年九月～昭和十年三月）更迭された次官、局長は、つぎのとおりである。

次官藤田尚徳―長谷川清（昭和九年五月）。
軍務局長寺島健―吉田善吾（昭和八年九月）―豊田副武（昭和十年十二月）。

人事局長阿武清―小林宗之助（昭和八年十一月）。
教育局長後藤章―中村亀三郎（昭和八年十一月）―園田実（昭和九年九月）―豊田副武（昭和十年三月）。
軍需局長牛丸福作―小野寺怨（昭和九年五月）―上田宗重（昭和十年十二月）。

18　日本海軍の至宝堀悌吉・大角人事の犠牲となる

堀悌吉（明治十六年〈一八八四〉八月十六日～昭和三十四年〈一九五九〉五月十二日）は、大分県速見郡八坂村（現在の杵築市）の農業矢野家の次男として生まれ、後に堀家を継いで堀姓になった。

堀は、杵築中学校を卒業して、明治三十四年十二月十七日、海軍兵学校第三十二期生徒として同期生百九十二名とともに入校した。入校時の席次は、一番が塩沢幸一（後に大将）、二番高野（後の山本）五十六、そして三番が堀悌吉だった。

日露戦争がはじまった三十七年十一月十四日、海兵を卒業した。同期生百九十二名のうち一番が堀、二番が塩沢だった。同期生には塩沢幸一、山本五十六のほかに、嶋田繁太郎、吉田善吾がいた。

堀悌吉

堀は卒業後、日露戦争に従軍し、三十八年三月に少尉に任官した。

第一次世界大戦の直前の大正二年一月から大正五年七月までフランス駐在、駐仏大使館武官補佐官の職にあった。大正三年十二月に少佐に進級し、五年十二月から海軍大学校甲種学生、卒業時には恩賜組の一人になった。

その後、堀は軍務局第一課勤務となり、軍務局長井出謙治少将、首席局員山梨勝之進大佐の指導を受けることになり、大正八年十二月に中佐に進級した。

大正十年九月、堀は海軍省官房勤務の肩書きで、ワシントン海軍軍縮会議に、加藤友三郎全権の随員として渡米した。

ワシントンで堀は加藤全権の秘書役をつとめ、全権と東京で留守を預かる井出次官の間の緊密なコミュニケーションを取ることに寄与した。そしてこの時の経験が、昭和五年のロンドン海軍軍縮会議当時、軍務局長だった堀の対処の仕方の教訓となった。

堀がワシントン会議でどのような意義を見出したかについては、昭和二十一年二月、『ワシントン会議秘実』と題して纏めたつぎの手記の中に表われている。

「過般第二復員省（旧海軍省）において、戦争開始当時の諸相に関する研究座談会を開催するところありしが、その席上において戦争の一原因として、米国がワシントン会議以来、日本を軍事的国際政治的に不法に圧迫し来れる事実を挙げんと主張したるものあるを聞けり。然るに、当時その事務の局に当り、かつ会議に参加したる吾等にとりては、世評がいかにあろうとも、わが国が不法に圧迫を蒙りたるが如き事実を認めざりしのみならず、寧ろ多くの場合において、米国側が極めて紳士的に、しかも親善的に各種折衝に従事したる公正なる態度ありし諸点は、見逃すあたわざるところにして、坊間伝うるところに幾多誤謬の存するをそのまま放置する時は、その結果さらに重大ならんことを恐れ、ここに執り合えず記憶を辿りて本稿を草し、資料の入手に従い加除訂正することとし、もって弁妄に支資せんことを期す。

［ワシントン会議］

イ、ワシントン会議は、帝国を国際的にも、また経済的にも救いたること。

ロ、わが為政者は、国の執るべき方向を誤らざりしこと。米国の為政者の動機また純なりし事。

ハ、日本が蒙りたる悪評判はまったく消滅したること。

ニ、海軍軍備による世界的地位を確実に占めえたること。

ホ、米国一般の対日悪感情を一掃し、太平洋両岸国民の親和増進に資すること大なりしこと。

へ、列国が支那の本質を了解するに至れること。および日本の世界的地位復活向上せること。

ト、八八艦隊計画遂行に要すべき年額数億円の海軍費を著しく減少したること。

チ、国際協調事業に日本の寄与せる第一歩にして、パリ会議にて得たる大国の名義は、ワシントン会議によりて実質を備うるに至れること。

［ワシントン会議後］

イ、極東を中心としたる世界不安の散逸したること。

ロ、日本が事実上、世界三大国の一となりたることは、ジュネーブにおける国際連盟の舞台に反映し、世界指導者の位置に列するに至れること。

ハ、ジュネーブ三国海軍会議においては、英米の疎隔を仲裁する役割を引き受け、我が一言一動が世界注視の的たりしこと」

その後、堀は大正十一年十二月に連合艦隊参謀となり、六年ぶりに海上勤務に就いた。十二年十二月に大佐に進級し、巡洋艦五十鈴艦長となり、十三年三月に海軍省官房出仕として軍政調査会幹事をつとめ、同年十一月に巡洋艦長良艦長、翌十四年十二月に軍令部参謀として仏国に出張し、大正十五年五月から昭和二年四月まで国際連盟海軍代表として活躍した。

昭和二年四月、ジュネーブ海軍軍縮会議がはじまると、斎藤実（海軍大将）首席全権の随員として会議に出席した。

昭和二年十二月、堀は戦艦陸奥艦長として海上勤務に就いた。この時、連合艦隊長官は加藤寛治大将だった。翌三年十二月、少将に進級し、第二艦隊参謀長となり、第二艦隊長官大角岑生中将を補佐し、艦隊訓練に精進した。

昭和四年九月、堀は海軍省軍務局長に就任した。この時の海軍大臣は財部彪で、海軍次官は山梨勝之進だった。前任の軍務局長は海兵二十八期の左近司政三であり、堀は四年後輩の三十二期だった。したがって堀の軍務局長就任は異例の抜擢といえた。

昭和五年一月二十一日から四月二十二日まで、ロンドンで開会された海軍補助艦に関する軍縮会議には現職の財部海相が全権として出席したため、この間は浜口首相が海軍大臣事務管理を兼任した。そのため海軍部内の事務処理は山梨次官と堀軍務局長が当たり、裏方として古賀峯一海軍省首席補佐官が加わった。

一方、軍令部側は、加藤寛治軍令部長、末次信正軍令部次長、加藤隆義軍令部第一班長だった。

全権団には、専門首席随員として左近司政三中将、最高顧問として安保清種海軍大将が派遣された。

堀に兄事していた海軍書記の榎本重治は、当時の堀の苦境を推し測って、「この非常事態に対処して海軍省軍政当局は、その挙措を誤まらなかったのであります。それは、高遠な先見、優れた英知、比類のない裁決の手腕が備わっていたことと、神明の加護があったためと存じます。かくてわが国は辛うじて危機を脱し、国際的地位も保持しえたのでありますが、これがため堀さんが、一部の凡庸短見の者から煙たがられ出した事は事実のようであります」と書き記している。

その後、海軍内での艦隊派の台頭もあり、堀の立場は弱くなった。海軍中央から遠ざけられた堀は、第三戦隊司令官、第一戦隊司令官を歴任し、昭和八年十一月、海軍中将に昇進したが、翌九年、艦隊派が主導したいわゆる大角人事によって予備役に編入されてしまった。

19　激動の昭和

(1) 満州事変の勃発

昭和六年（一九三一）九月十八日、関東軍は奉天郊外の柳条湖で満鉄線を爆破し、これを契機に満州事変が勃発した。事件は、政府の不拡大の方針を裏切って拡大し、十月には錦州を爆撃し、十一月には北満侵攻を開始し、十一月九日、チチハルを占領した。

十二月十三日、犬養毅政友会内閣が成立した。十二月二十八日、関東軍は錦州作戦を開始し、翌七年一月三日、この地を占領した。こうして関東軍は、事件から五ヵ月足らずのうちに熱河省を除く大部分を手中におさめることに成功した。

国内では、昭和六年三月、宇垣一成陸相を首班とする軍部政権の樹立を目指すクーデター計画が密かに練られ、十月にも「十月事件」が謀られた。

翌昭和七年一月十八日、上海で日本人僧侶が中国人によって殺害される事件か契機となって、一月二十八日、第一次上海事変へ発展した。この事件は、列国の日を満州から他へ逸らすため、板垣大佐の指示を受けた上海駐在武官補佐官・田中隆吉少佐が起こした謀略だった。

上海事件によって世界の目がそこに引き付けられている間に、三月一日、関東軍は満州国宣言を発した。

昭和七年五月十五日、海軍の青年将校によって犬養首相が暗殺されるという「五・一五事件」が発生した。ここにわが国の政党政治は終わりを告げることになった。五月二十六日、山本権兵衛海相の下で海軍次官、第一次西園寺公望内閣、第二次桂太郎内閣、第二次西園寺内閣、第三次桂内閣、第一次山本権兵衛内閣の八年有余にわたって海相、大正八年から朝鮮総督、昭和二年にはジュネーブ海軍軍縮会議で全権をつとめた斎藤実を首班とする挙国一致内閣が成立した。

七月、内田康哉が外相に就任した。内田は八月の議会で、国を焦土と化すも満州を守らんとする「焦土外交」の決意を表明した。九月には日満議定書を結んで、満州国を正式に承認した。

昭和八年（一九三三）二月二十四日、国際連盟総会はリットン報告書を、四十二対一（日本）で可決した。このため三月二十四日、日本は国際連盟から脱退した。すでに全満州（東三省）を占領していた関東軍は、五月に熱河省から華北に侵入し、五月三十一日、国民政府軍事委員会との間で、塘沽（タンクー）停戦協定を結んだ。この塘沽停戦協定は、日中両軍の停戦を約束したもので、この協定によって満州国の国境は画定し、事実上、終結した。

九月十四日、内田外相が辞任して、後任の外相に広田弘毅が就任した。広田は「協和外交」を提唱し、十月三日から日・満・中三国の提携を基調とする国策を協議して決定した。後に「広田三原則」（中国の排日停止、中国の満州国承認、共産勢力に対抗する日・満・中の協力）と呼ばれる方針に基づいて日中関係の打開をはかり、日米関係の調整につとめた。

しかし斎藤内閣は、昭和九年（一九三四）七月に総辞職し、代わって岡田啓介内閣が成立した（広田外相は留任）。岡田内閣は、九月七日、閣議においてワシントン海軍軍縮条約の廃棄を決定し、仏伊に共同廃棄を呼びかけたが拒否されたため、十二月二十九日、単独でワシントン海軍軍縮条約の廃棄を通告した。

昭和十年（一九三五）一月二十二日、広田外相は議会で日中親善を強調し、二月二十日、中国外交部長汪兆銘も、日中提携の対日外交方針を表明することによってこれに応じた。五月十七日、日中両国は公使の大使への相互昇格を実現した。ところが、こうした日中両国首脳による懸命の努力にもかかわらず、両国間ではその後も不祥事が続出した。

(2) 二・二六事件の発生

昭和十一年（一九三六）一月十五日、日本全権の永野修身海軍大将は第二次ロンドン海軍軍縮会議からの脱退を通告した。そのような中で、二月二十六日、二・二六事件が発生した。前夜から降りしきる大雪の中、陸軍の青年将校と下士官兵ら約一千四百名は、わが国の政府首脳を襲った。

最初、即死と伝えられた岡田首相は奇跡的に難を逃れたものの、斎藤実内大臣、高橋是清蔵相、渡辺錠太郎教育総監らは暗殺され、鈴木貫太郎侍従長は重傷を負った。ロンドン海軍軍縮条約の締結に奔走した岡田、斎藤、鈴木の海軍の三長老が襲われたのは、この事件がロンドン海軍条約に端を発する軍部と政局の紛糾と深く関係していることを象徴していた。

事件後、皇道派は陸軍内から一掃され、実権は、梅津美治郎陸軍次官、石原莞爾参謀本部作戦部長の手に握られることになった。ところで陸軍当局による「粛軍」の方針とは、陸軍が政治干渉を自重することを意味せず、かえって巧妙に政治機構に溶け込み、その中で政治力を発揮させることにあった。

二・二六事件の余熱もまだ冷めやらぬ折、「庶政一致」を掲げる広田内閣に対して軍部はあからさまに干渉し、広田内閣の当初の閣僚予定者の中で実際に変わらなかったのは、大蔵大臣の馬場鍈一だけという有様だった。

さらに軍部は、その独裁の一段階として、軍部大臣現役武官制の復活を要求してきた。

大正二年六月、山本権兵衛内閣時において、陸海軍大臣、次官の現役将官制を拡大して予備役の大将、中将まで枠を広げていたものを、今またそれ以前の制度に戻すということであり、時代錯誤もはなはだしかった。ともかくも軍部は、内閣の生殺与奪権を握ることになった。

八月七日、広田内閣は五相会議において、「国策の基準」を採択した。この「国策の基準」とは、内政、外交、経済、軍事を含む国家の基本方針のことで、日本の根本国策は、「外交国防相俟って東亜大陸における帝国の地歩を確保すると共に、南方海洋に進出発展するにあり」と唱えていた。広田内閣は、この基本国策を実現するために、内政、財政を刷新し、国防国家の建設を目指すことになった。

「国策の基準」が採択された同月、広田内閣は四相会議（首相、外相、陸相、海相）において、「帝国国防方針」を決定した。ここでは、最近のソ連の軍備増強に対処するため、ドイツと提携することを規定していた。

(3) 日独伊三国防共協定の成立

昭和八年（一九三三）一月、ドイツではヒトラーが政権を握り、十年（一九三五）

三月十六日に再軍備宣言を行なった。一方、ムッソリーニのイタリアも、昭和十年十月三日、エチオピア侵略戦争を開始した。ファシズム国家と民主主義国家の軋轢はしだいに激しくなり、その争いは、スペイン内乱（一九三六〜三九年）となって噴出した。

昭和十年、モスクワで開催された第七回コミンテルン大会（七月二十五日〜八月二十日）は、日本、ドイツ、イタリアのファシズム勢力に対して、人民戦線戦術で対抗することを決定した。

一方、国際連盟を脱退し、軍縮条約を廃棄し、国際的孤立感を深めていた日本は、ドイツへの接近にとって、孤立からの脱出を図ろうとした。

昭和十年、ドイツ人ハックを通じてナチス党外交部長リッベントロップ（Joachin von Ribbentrop）から駐独大使館付武官・大島浩陸軍少将に対して対ソ防衛同盟に関する非公式提議が行なわれた。これを契機にして親独派の大島とドイツ側との交渉は急速に進展し、十月にはリッベントロップより日本陸軍への態度打診が行なわれ、そのため十一月末、参謀本部の若松只一中佐がドイツに派遣されることになった。

リッベントロップは若松との会談において、防共協定および別に秘密で対ソ防衛同盟を結ぶことを提案した。

広田内閣は四月二日、駐中大使有田八郎を外相に迎えたが、この有田はドイツと「薄墨色程度の協定」を結ぶ方針を取り、駐独大使武者小路の帰任（四月末）を待って、日独間で協定案を煮詰めることにした。

武者小路大使とリッベントロップ間の十数回にわたる交渉の結果、十一月二十五日、ベルリンで日独防共協定が成立することになった。日本がドイツと提携したことについて、有田外相はその国際的影響を楽観していたが、実際には米英ソの国々より、予想以上の反感と不信を買うことになった。

昭和十二年（一九三七）一月二十三日、第七十回議会の劈頭、浜田国松代議士と寺内寿一陸相による、いわゆる「割腹問答」により、広田内閣は総辞職した。

リッベントロップ

組閣の大命は宇垣一成陸軍大将に降下したが、往年の宇垣軍縮を恨みに思う陸軍の忌避にあって組閣ができず、代わって一月二十九日、林銑十郎陸軍大将に組閣が命じられた。

しかし、この林内閣はまったくの無能であり、わずか四ヵ月余で五月三十一日に崩壊し、六月一日に近衛文麿に大命が降下した。

昭和十二年十一月五日、ヒトラーは閣議において、ドイツのレーベンスラウム（生存圏）を拡大するために、近い将来、ヨーロッパの領土を解決することを明らかにした（ホスバッハ覚書）。ヒトラーがこの計画を実行すれば、ドイツが早晩、フランスやイギリスと衝突することは明らかだった。

翌昭和十三年一月二日、ナチス党外交顧問リッベントロップは、新年の挨拶のためベルリン郊外のゾンネンブルグの別荘を訪れた大島浩駐独大使館付武官に対して、日独関係の強化を希望した。

二月四日、リッベントロップは、ナチス党外交顧問から正式に外相に就任した。リッベントロップは、日本軍部の信頼を勝ち得るべく、まずドイツの対中国政策を改めることにし、満州国承認、ドイツ軍事顧問団の中国からの引き揚げなど新政策を打ち出した。

（4） 盧溝橋事件（日中戦争）の勃発

昭和十二年七月七日、盧溝橋事件が発生した。事件直後、軍部、政府とも不拡大方針を取り、七月九日、閣議は現地解決を決定した。

しかしこのころ、陸軍中央においては、この際、中国に一撃を加えるべきだとする参謀本部作戦課武藤章大佐や陸軍省軍事課長田中新一大佐らを中心とする拡大派が、対ソ重視の観点から今は自重すべきだとする参謀次長多田駿中将、参謀本部第一部長石原莞爾少将、同戦争指導課長河辺虎四郎大佐、陸軍省軍事課長柴山兼四郎大佐ら不拡大派に勝利をおさめつつあった。かくして閣議は、参謀本部の華北派兵案を承認した。

これに対して蔣介石は、七月十九日、江西省廬山で「最後の関頭」声明を発表し、徹底抗戦の方針を打ち出した。

七月二十五日に郎坊事件、二十六日に広安門事件が発生すると、支那駐屯軍司令官香月清中将は武力行動を決意する一方、二十七日に閣議も内地三個師団の華北派兵を決定し、二十八日に日本軍は総攻撃を開始した。

この年、海軍で記念すべきことは、八月十五日に台湾の台北と長崎の大村から九七式陸攻三十八機が上海を空襲して戦果を挙げたことであった。当時、土砂降りで空も海面もよく見えない天候をおして洋上を飛び戦果を挙げたことは、特筆されるべきことだった。

十月一日、四相会議は「支那事変対処要綱」を決定した。これには、「成るべく速やかに、これを終結」するため「支那及び第三国に対し、機宜の折衝及び工作をなす」ことが記されていた。

この第三国の和平斡旋で広田外相が期待する国はドイツだった。こうして十一月から駐華トラウトマン（Oskar P.Trautmann）独大使による日中和平工作が開始されたが、中国戦線における日本軍の優勢にともなって、日本の和平条件が当初よりいちじるしく吊り上がったため、結局、この工作も不調に終わることになった。

昭和十三年七月十三日朝、現地よりソ連軍が十一日からソ満国境の張鼓峰に陣地を構築しはじめたとの報告があり、さらに十五日、ソ連兵による日本兵射殺事件が発生した。

一方、大本営では、作戦課長稲田正純大佐を中心に中堅幕僚の間で、「威力偵察論」が台頭していた。稲田大佐は、第十九師団を使用する反撃計画を作成した。

七月二十日、張鼓峰における実力行使と応急動員下令について天皇の裁可を得るために、閑院宮参謀総長と板垣征四郎陸相が参内上奏しようとしたところ、宇佐美興屋（うさみおきいえ）侍従武官長を通じて、天皇の不許可の内意が伝えられてきた。なおも強硬に拝謁を願い出た両名に対して天皇は、満州事変以来の陸軍の行動を厳しく問責されたのだった。

ところが、七月二十九日、張鼓峰南方国境線でソ連兵数名が越境し、陣地を構築しはじめるという事件が発生した。現地の第十九師団長尾高亀蔵中将は、この事件をもって対ソ一撃の絶好の機会と判断し、三十一日未明、独断でソ連陣地に対して夜襲を決行した。

八月一日、五相会議は不拡大方針を決議したが、二日夜、ソ連による猛反撃が開始されたことから、六日に日本軍は第二次攻撃を余儀なくされ、ここに両軍による本格的戦闘が展開されることになった。

ソ連軍は日本軍に対して、歩兵は三倍、砲兵は四倍という機械化兵力をもって圧倒し、結局、第十九師団は、戦死者五百二十六名、負傷者九百十四名、死傷率二十一パーセントという大損害を蒙ることになった。幸い八月十一日、モスクワで重光葵駐ソ大使とリトヴィノフ外相との間で停戦協定が成立した。

昭和十四年（一九三九）、関東軍は「満ソ国境紛争処理要綱」を策定し、四月二十五日、植田謙吉関東軍司令官から、「侵さず、侵さしめざる」の基調方針の下に、ソ連軍の「不法行為に対しては、周到なる準備の下にこれを膺懲（ようちょう）」「国境線明確ならざる地域においては、防衛司令官において自主的に国境線を認定」する旨の積極的方針が示された。

五月十一日、満蒙国境のノモンハン付近で、ソ連軍と日本軍の衝突事件が発生した。

関東軍幕僚会議では、この際、断固たる決意を示すべきであるとする積極論が大勢を占めた。東京の陸軍中央部は、支那事変の最中に事件が拡大することを懸念していたが、このような中央部の空気を知った関東軍は、六月二十七日、独断で外蒙タムスク飛行場を急襲した。参内した中島鉄蔵参謀次長に対して天皇は、「この関東軍の行動は、統帥権干犯である」と、厳しく叱責された。

七月二日、関東軍は総力を挙げて攻撃したが、予想をはるかに上回るソ連軍の大量の戦車群に遭って完敗した。七月二十三日以降の第二次攻撃も結局失敗に終わり、さらに八月二十日、ジューコフ司令官下のソ連軍の大規模な反撃の前に、月末までに日本軍は全滅してしまうほどの損害を出した。

ノモンハン事件における日本側の犠牲者は、日本軍全参加兵力約五万六千名中、戦死者八千四百四十名、負傷者八千七百六十六名、通算死傷率三十パーセントであり、とくに第二十三師団は七十・三パーセントにものぼった。

大本営は大陸令を下して、事件の終結を決定し、植田関東軍司令官、磯谷廉介参謀長以下、主要幕僚を更迭した。九月十六日、東郷茂徳駐ソ大使とモロトフ外相との間で、日本側譲歩の形で停戦協定が成立し、事件はようやく終着を見ることになった。

(5) 日独伊防共協定強化問題

昭和八年(一九三三)一月に政権の座についたヒトラーは、昭和十年三月、再軍備宣言を行ない、翌十一年三月にはドイツ軍はラインラント非武装地帯に進駐した。

昭和十三年一月二日、ナチス党外交顧問リッベントロップは、対仏英牽制を狙いとした日独伊同盟結成の覚書をヒトラー総裁に提出した。

その年のはじめ、リッベントロップは、新年の挨拶のためベルリン郊外のゾンネンブルグの別荘を訪れた大島浩駐独武官に対して、日独関係の一層の強化を希望した。

一方、日本側も支那事変の長期化とソ連の軍事力強化に備えて、陸海外の三省でそれぞれ日独伊防共協定強化問題についての研究を進めることにした。

七月十九日、五相会議は(近衛首相、宇垣外相、板垣陸相、米内海相、池田蔵相)において、「日独及び日伊間政治的関係強化に関する方針案」が協議され、「ドイツに対しては防共協定の精神を拡充してこれを対ソ軍事同盟に導き、イタリアに対して対英牽制に利用し得る如く秘密協定を締結する」旨を決定した。

この間、大島とリッベントロップとの間の話し合いは一段と進展し、大島が私案として対ソ協定を提示するまでになった。これに対してリッベントロップは、一般的相互援助条約を希望した。

大島とリッベントロップは相談の結果、この件についてまず日本の陸海軍に打診してみることにし、前年の防共協定の内容がただちにソ連に洩れたことに鑑みて、滞在中の笠原幸雄陸軍少将にリッベントロップ私案を託して帰国させることにした。

さて帰国した笠原は、八月七日、陸海軍首脳会談の席上、ドイツ案を披露した。陸軍はただちにこの案に同意したものの、海軍はこの種の重大問題は五相会議にかけるべきと主張して、慎重な態度を取った。しかし、その内容がソ連を対象とするものならば、趣旨として異議のない旨もまた同時に回答した。

八月二十六日、五相会議は、笠原が携行してきたところの同盟の対象国をソ連に特定せず、一般的第三国とするという内容のリッベントロップ案を検討した。

その結果、五相会議は、対ソ軍事同盟の枠内で日独提携を図る趣旨の日本側回答を決定した。しかし日本側回答文には、同盟の対象としてソ連を主としているものの、英仏など第三国についてもかならずしも対象から除外されていないと解釈できる可能性も残していた。

実際、大島浩武官はそのように解釈したため、その後の日独間の交渉は、日本政府と現地武官の思惑の違いから、非常に難航することになった。

このような中で、東郷茂徳駐独大使や駐日クレーギー(Robert L.Craigie)英大使より、ドイツに対する過信を戒める意見具申も寄せられたが、わが国の親独論者および陸軍は、まったくこれに耳を貸そうとはしなかった。

十一月十一日、五相会議は対象国について、英仏がソ連に味方した場合においてのみ対象国になるという、やや陸軍側の主張に妥協した案文を採択した。これに対して大島大使は（十月、駐独大使に就任）は、八月に行なわれた五相会議の日本側回答文の理解と異なる強硬な反対意見を送付してきた。

この電報に接するや板垣陸相と他の四相は完全に対立することになり、昭和十四年一月四日、第一次近衛内閣は閣内不一致のため崩壊することになった。

同日、枢密院議長平沼騏一郎に組閣の大命が下り、翌五日に平沼内閣が成立した。陸相板垣征四郎、海相米内光政、外相有田八郎らの主要閣僚は留任した。蔵相には石渡荘太郎が就任した。外相留任をもとめられた有田は平沼と会談し、日独伊三国同盟の対象国をソ連に限定することで合意した。

さて、平沼内閣成立直後、ドイツから正式に三国同盟案が送られてきた。一月十七日、平沼内閣のもとで五相会議が開かれたが、席上、ドイツ案を支持する板垣陸相と、それに反対する他の閣僚との間で激論が展開された。

板垣陸相　陸軍提案のソを主たる対象とすることは固よりなるも、英仏をも対象たらしめることを排除することなし。武力援助においてはソを対象とする場合は、これを行ふこと勿論なり。英、仏を対象とする場合は、これを行なうや否やおよびその程度は一に状況による。（中略）三国関係強化の議起こりたる時に比し、今日は情勢が変化せるに付き、自主外交が必要なり。

米内海相　昨年八月より十二月迄の間は本件は進展せず。そのままとなり居たるものにして、十二月以降今日までの間に特に情勢変化せしや。

板垣陸相　（黙して答えず）

米内海相　十一月中旬において第三国の解釈に対する自分の考えを明らかにせり（自ら鉛筆を取り記入し、外相に渡せること）。その後において、特に情勢変化せりと認められるや。余はこれを認めず。数年後ソと戦わんがため、今日よりその準備をなす為の協定なら賛成できず。

板垣陸相　（答えなし）

米内海相　三国提携を強化せば英、米を向ふに回して成算ありや。蔵相の意見を承り度。また国際協定において、自国の不利を忍んでまで先方の利益の為これを締結せざるべからざるものなりや。独、伊、日それぞれ対象とする国を若干異にするを一まとめにせんとする所に無理ありと認む。

石渡蔵相　我が経済の対手を今回英、米より独、伊に変更することは困難なりと認む。しかし独、伊が英、米に付く様になることは恐るべきことなり。少なくとも、独、伊を我より離さぬ様にする程度の協定は、必要なりと思ふ。

米内海相　陸軍案の如きもの纏まりしものと仮定した場合、支那事変の解決上如何なる効果ありや。

このように五相会議は、米内海相と板垣陸相の意見がまったく対立したために、行き詰まってしまった。

一月十九日、五相会議は、状況により第三国をも対象とすることもあるとした、有田八郎外相提案の妥協案を採択した。ところが、大島大使と白鳥敏夫駐伊大使は、東京からの訓令を逸脱し、独伊に対して「自動参戦」の言明を行なった。

かくして四月十三日、有田外相は平沼首相に対して、本問題について交渉の余地のないことを具申し、また同日米内海相も交渉の打ち切りと両大使の召還を要求した。

しかし板垣陸相は、いったん日本を代表する大使が言明した以上、何とか尻拭いをしてやらねばならぬと言い、有田の交渉打ち切り提案に反対した。そこで事態解決のため、有田外相は、日本政府の意向を平沼首相のメッセージに託して、独伊両首相に送付することを提案した。

五月四日、このメッセージが在京独伊両大使に手渡された。そうこうしているうちに五月三日、ドイツ側より一つの提案（いわゆる「ガウス案」）が送付されてきた。

五月七日、五相会議はこのガウス案について協議したが、参戦問題に関して陸軍と海軍は再度鋭く対立することになった。

つづいて五月十七日、ドイツ側よりガウス第二案が送付されてきた。

五月二十日、有田外相は大島大使宛に、ソ連以外の場合は自主的に決定するとの訓電を発した。ところが現地の大島、白鳥両大使はこれを独伊両政府に取り次ぐことを拒否し、逆に本国召還を要望する旨の強硬な反対電報を東京に打電してきた。このため五相会議は、またもや小田原評定を繰り返すことになった。ところで、その最中の八月二十三日、突如、独ソ不可侵条約の成立が発表された。

独ソの仲は不倶戴天の敵と信じていた日本政府は、このニュースに腰を抜かさんばかりに驚いた。日本は、国際政治のダイナミックスが理解できなかった。

平沼内閣は、「欧州の天地は複雑怪奇なり」との言葉を残して総辞職することになった。ここに防共協定強化の論議は、ひとまず終了することになった。

防共協定強化問題に見られる国家戦略の分裂は、つまるところつぎの三つの立場からの主張が、最高意思決定機構の欠如により、統合されないままに終わったからだった。

第一に、白鳥ら革新外交を唱える人々の主張は、つぎのようなものだった。外務省の伝統的な英米協調外交と、それが墨守する英米本位の世界秩序であるベルサイユ、ワシントン体制を打破し、新興の独伊と提携して英仏米を牽制し、少なくともアジアにおいて日本が盟主となる東亜新秩序を樹立しようとした。そのためには、英仏との対立や衝突といった多少のリスクは致し方ないとしても積極的外交を展開すべきだとする立場だった。

しかし、こうした考え方は、なおも伝統的外交を守ろうとする外務省正統派の影響を強く受けている有田外相の容れるところとならず、中央と出先との間で摩擦が生じた。

第二に陸軍であるが、革新外交を支持する立場であったが、防共協定をソ連だけでなく英仏をも対象とする日独伊軍事同盟に変質させようとしたのは、たとえその結果「独伊対英仏」の欧州戦争に巻き込まれても、陸軍が欧州戦線へ派兵を要請される恐れはほとんどないという気楽な立場にあったためだった。

陸軍では、第一次世界大戦における青島攻略のように、せいぜいアジアの英仏植民地を攻略する任務を負わされるだけと見ていた。ただ英国の極東における根拠地であるシンガポール要塞は強固であり、この攻略には海軍の協力が必要であることから、「英仏を対象とする武力行使は状況による」という奥歯にものが挟まったような不明瞭な態度をとった。

支那事変の収拾に苦慮していた陸軍は、陸軍としてのリスクは少なく、それよりも蔣介石政権の援助の主である英国を独伊の力を借りて牽制し、あわよくば英の援助を中止させて、仏に対しても仏印からの援蔣ルートを閉鎖させる圧力をかけることができるというメリットを高く評価していた。

最後に海軍の立場であるが、欧州戦争に巻き込まれた場合、陸軍ほど気楽な立場でないことは明白だった。たとえ大西洋、地中海へ艦隊を派遣する事態が生じないにしろ、仏はさておき強大な英海軍は、かならずアジアでも日本の通商路（シーレーン）妨害などの作戦にでることは明らかだった。

第一次世界大戦でもドイツの仮装巡洋艦の要撃には非常に苦労した。こちらから攻撃しないかぎり英仏の植民地陸軍が日本軍を攻撃することはあり得ないが、海軍の特質からしてどこからでも攻撃される可能性があった。したがって海軍としては、英仏のみを対象とする戦争への参戦義務をあくまで拒否しようとしたのは当然だった。しかも独伊の海軍力は英よりもはるかに弱体であり、独伊と軍事同盟を結んでも海軍としてはほとんどメリットがなかった。

20　良識派の最後の砦・米内光政

(1) 米内・山本・井上の良識派トリオ

昭和十二年十月から昭和十四年十月まで海軍省軍務局長の職にあった井上成美は、戦後、つぎのように回想している。

「私の軍務局長時代の二年間は、その時間と精力の大半は三国同盟問題に、しかも積極性のある建設的な精力ではなく、ただ陸軍の全軍一致の強力な主張と、これに共鳴する海軍若手の攻勢に対する防御だけに費やされた感あり。私はただ米内、山本両提督の下働きをやったに過ぎない。当時（軍務局）一課長は岡敬純大佐、主務局員は神重徳中佐で、いずれも急進派の急先鋒で、すでに軍務局内で課長以下と局長の意見が反対なのだから、まことに始末が悪い。……その頃には、海軍の中で反対しているのは、大臣、次官と軍務局長の三人だけと言うことも、世間周知の事実になってしまっ

米内光政

た」

陸軍との論争において海軍が纏まった存在であり得たのは、米内、山本、井上のトリオが、強力なリーダーシップを発揮したからだった。中でも山本五十六次官は、海軍の中での三国同盟反対の中心的存在だった。

大島駐独大使のリッベントロップに対する参戦発言により、五相会議が大揺れに揺れていた時、山本は西園寺公望の秘書の原田熊雄に対して、「内閣が辞めないのに外務次官だけ辞めたり、海軍大臣だけが辞めると言ふことはない。常に正しい者が引退して、正しからざる者が勝つような形になって残るのは面白くない。だから内閣全体が辞めないんなら、海軍大臣もなるべく粘ってくっついて行き、ある時期に全部代えるようにしなければとても駄目だ」と語っていた。

後日、第二次近衛内閣の下で日独伊三国軍事同盟が締結された時、この知らせを聞いた米内は緒方竹虎に対して、「われわれの三国同盟反対は、あたかもナイヤガラの瀑布の十二町上手で、流れに逆らって船を漕いでいるようなもので、今から見ると無駄な努力であった」と嘆息した。緒方が、「米内、山本の海軍がつづいていたら、徹底的に反対したか」と質問したのに対して、米内は「無論反対しました。でも殺されたでしょうね」と答えた。

元老の西園寺は、「陸海軍の対立がいけないとか、いいということは問題じゃない。悪いものが一緒になってしまっては、かえって国家のために良くない。悪いものと良いものとが対立してはじめて意味を成すんで、陸軍が悪けりゃ海軍が非常に正しい立場を守ってこそ、バランスが取れるんじゃないか」と話していた。

ともかくも日独伊同盟交渉がドイツの背信行為によって崩壊した直後、天皇は参内した米内に対して、「海軍のお陰で国が救われた」と洩らされたのだった。

(2) 米内内閣倒る

平沼内閣総辞職のあとを受けて、昭和十四年八月二十八日、突然、阿部信行陸軍大将に組閣の大命が下った。天皇は、「阿部を総理として、適当な陸軍大臣を出して粛清しなければ、内政も外交も駄目だ」と考えていた。

阿部内閣が発足した三日後の九月一日、ドイツ軍はポーランド進撃を開始した。九月三日、イギリスはドイツに対して宣戦を布告し、ここに第二次欧州大戦が開始されることになった。

九月四日、阿部内閣は欧州大戦不介入の声明を出した。日本の国内世論は、ソ連と手を握ったドイツに対する不信感で満ち満ちていた。このような中にあって、親独派の影は薄くなり、反対に、外務、海軍、財界方面の親英米派が一時勢力を盛り返すことになった。

九月二十五日、親英米派として評判が高かった野村吉三郎海軍大将が外相に就任した。一方、大島、白鳥両大使は更迭され、代わりに来栖三郎と天羽英二が、駐独、駐伊大使にそれぞれ任命された。

阿部内閣は、外交面では英米の信頼を回復すべく努力したものの、国内経済面で無能振りをさらけ出し、このため昭和十五年一月十日、発足以来四ヵ月半で崩壊してしまった。

一月十四日、世間の予想を裏切って、組閣の大命が米内光政大将に降下した。米内内閣成立の背景には、天皇の意向を体した湯浅倉平内大臣の働きがあった。

阿部内閣の末期、天皇は湯浅に対して、「つぎは米内にしてはどうか」と言われた。従来の伝統、すなわち元老による首相推薦という慣行からして、天皇自身が後継首相の選任にイニシアチブを取られるということは、まったく異例なことだった。

一月十四日、侍従職から畑俊六陸相に、参内するように電話があった。陸軍側ではてっきり大命降下と思っていたが、参内してみるとすでに米内に大命が下っていた。畑に対して天皇は、「陸軍は、米内に対してどんな様子か」と尋ねられた。このため、さすがの畑も、「新内閣についてまいります」と答えざるを得なかった。

その言葉を聞いた天皇は、「それは結構だ。協力してやれ」と述べられた。こうした経緯から陸軍ははじめから米内内閣に対して意をふくむところがあった。

昭和十五年（一九四〇）春、ヨーロッパ西部戦線における独対英仏軍の対峙の状態、いわゆる「偽りの戦争」は終わりを告げ、四月九日、ドイツ軍はデンマークを占領し、さらにノルウェーのオスロ、ベンゲン、トロンハイム、ナルヴィクに上陸してここを占領した。

五月十四日、オランダが降伏し、同月十七日、ベルギーの首都ブリュッセルが占領され、六月四日、イギリス軍はダンケルクからの撤退を余儀なくされた。そしてついに六月十四日、ドイツ軍はパリに入城し、二十二日にペタン政権との間で休戦協定を結んだ。

ドイツ軍の圧倒的勝利は、日本の朝野を沸き立たせると同時に、しばらく鳴りを潜めていた親独派を活気づけた。一方、東南アジア一帯は、ドイツ軍の勝利による仏、蘭の同地域からの勢力撤退にともなって、力の空白地帯になった。

日本の国内世論は、ドイツの勝利に目を眩まされ、「バスに乗り遅れるな」という大合唱の下に、本国政府がドイツに降伏した仏印、蘭印を覗う空き巣狙い的な南進論が台頭した。

陸軍省内では、ドイツ軍による英国本土上陸作戦が間もなくはじまるという観測が有力になっていった。

こうした声に押されて有田八郎外相は、ドイツによる日本参戦を義務づけられない限度において、ドイツと最大限に提携しようとした。しかしながら、日本の陸軍から見ると、米内内閣の日独提携および南進政策は、あまりにも消極的であるように思われた。そこで「バスに乗り遅れまい」としてあせる陸軍は、畑陸相を辞職させることによって米内内閣を倒す作戦に出た。

七月十一日、武藤章陸軍軍務局長は石渡荘太郎内閣書記官長に対して、「この内閣は、すでに国民の信頼を失っている。速やかに退陣したらよかろう」と語った。つづいて七月十二日、今度は畑陸相が米内首相を訪ね、つぎのように申し入れた。

①情勢において独伊と積極的に手を握り、大東亜を処理する方針に出るの要あるべし。

②内閣にては外交方針の転換困難なるに付き、より良き内閣出現することを前提と

　　して辞職しては如何。

③自分は部下の統率上非常に困難なる立場にあり、ますます困難を来たす状況に立
　　ち至るべきを憂慮す。

米内はこの畑の行動についてその裏面の動きが容易に察せられたので、「組閣以来今日まで、何ら意見の疎隔があったとは思わないし、お互いにこの際は覚悟を新たにして難局に当たるべきではないか」と述べ、反対に畑を慰撫した。しかし陸軍内の強硬派たちは、こんなことでは納得しなかった。

七月十四日、畑陸相は、「今や世界情勢の一大転換期に際会し、国内体制の強化、外交方針の刷新は焦眉の急となっている。然るに政府は何らなすことなく、いたずらに機会を逸している。これでは事変処理のためにも支障がある。すべからくこの際人心を一新し、新体制の確立を促進するため、現内閣は進退を決すべきである」旨の文書を提出し、米内内閣の総辞職を迫った。

同日、天皇は木戸に対して、今なお米内内閣を信任していることを米内に伝えるように依頼した。しかし、当時陸軍の立場に近かった木戸幸一内大臣は、この天皇の意思をすぐに米内に伝達せず、翌日の十六日、米内内閣総辞職後にこのことを伝えたのだった。

辞職する直前、米内は畑を招いて、「陸軍の所見は現内閣の所見と異なるから、都合が悪ければ辞めてもらいたい」と言明すると、畑は辞表を提出した。そこで米内は後任陸相の推薦を求めたのに対して、陸軍側は三長官会議の結果、後任陸相の推薦に応ずる者がいないことを理由に断ってきた。ここに至って米内は、その日の午後七時、ついに葉山御用邸滞在中の天皇を訪ね、辞表を提出した。

(3) 日独伊三国軍事同盟

翌七月十七日、組閣の大命が近衛文麿公爵に降下した。組閣に先立って近衛は、七月十九日、陸、海、外相の予定者である、東条英機陸軍中将、吉田善吾海軍中将、松岡洋右を荻窪の私邸「荻外荘」に招いて、今後の方針について協議した。

欧州戦争以前、より正確に言えばドイツの西方攻勢成功前の日独（伊）提携強化論と決定的に異なるのは、つぎの点にあった。

①ドイツの軍事的成功に幻惑され、英国の早期敗北を予想した、きわめて社会主義的なものであること。

②南方資源地帯を確保する「千載一遇の好機」であるとの南進論が露骨に浮上していること。

③南進に際して米国との衝突も予想しており、東亜新秩序建設の妨害者として米の存在が完全に視野に入っていること。

七月二十二日の第二次近衛内閣の発足当日、水交社において陸海首脳懇談会が開催された。

これには陸軍側から阿南惟幾陸軍次官、武藤章軍務局長、沢田茂参謀次長、冨永恭次参謀本部作戦部長、海軍側から住山徳太郎海軍次官、阿部勝雄軍務局長、近藤信竹軍令部次長、宇垣纒第一部長らが出席し意見を交換した。

この懇談会においては、独伊との提携問題についても話し合いが行なわれた。席上、陸軍側が三国同盟締結を主張したのに対して、海軍側は、七月十六日の陸、海、外の三省事務当局で決定された日独伊提携強化案以上のものは考慮していないと言明した。

このように当時、陸海両軍の間には、大きな見解の隔たりが存在していた。

松岡は外相に就任した直後、担当の安東義良課長から、日独伊提携強化問題の経緯についての説明を聞いた。

席上安東は、七月十六日に陸、海、外三省事務当局によって決定された日独伊提携強化案を提出した。

翌日、松岡は安東に対して、「こんなものでは駄目だ」と言って書類を突き返してきた。その書類の欄外には、「虎穴に入らずんば虎児を得ず」との松岡のメモが書き込まれていた。このメモにより安東は、松岡が陸軍の主張に同調して、日独伊三国同盟締結を望んでいることを知った。

七月二十六日、近衛内閣は、「基本国策大綱」を決定し、翌二十七日、大本営政府連絡会議は、「世界情勢の推移に伴ふ時局処理要綱」を決定した。しかしこの時点では、日独伊三国間の提携を軍事同盟まで進める件は海軍の反対によって止まっていた。

七月三十日、松岡の意を体した外相側近の手によって、「日独伊提携強化に関する件」と題する文書が作成された。この文書は、七月十六日の日独伊提携強化案と比較すると提携の度合いがいちじるしく強化されていた。いずれにせよこの文書が、近衛内閣の日独伊提携強化の基礎案になった。

この案は陸海軍当局によって修正され、八月六日付「日独伊提携強化に関する件」という文書になった。

八月二十三日、来栖三郎駐独大使はリッベントロップ外相から、スターマー(Heimrich G.Stahmer)を公使の資格で日本に派遣したいとの連絡を受けた。

スターマーの来日に備えたい松岡は、八月二十八日、斎藤良衛と白鳥敏夫を外務省顧問に任命して、外務省人事の刷新をはかった。

九月一日、斎藤、白鳥両顧問、および大橋忠一次官、西春彦欧亜局長を加え、すでに陸海軍の承認を得ていた「日独伊提携強化に関する件」の再検討を行なった。

九月六日、四相会議（九月五日、吉田善吾海相は病気のため辞任、後任には及川古志郎大将が就任）が開催された。

九月七日、シベリア経由で東京に到着したスターマー公使は、九月九日と十日の両日、オットー大使を同伴して、密かに千駄ヶ谷の松岡の私邸を訪れた。

席上、スターマーは、「まず日独伊三国間の約定を確立せしめ、然る後直ちにソ連に接近するに然かず。日ソ親善につき独は『正直なる仲介人』たる用意あり。而して両国接近の途上越ゆべからざる障害ありとは覚えず。従って差したる困難なく解決し得るべきかと思料す」と述べた。

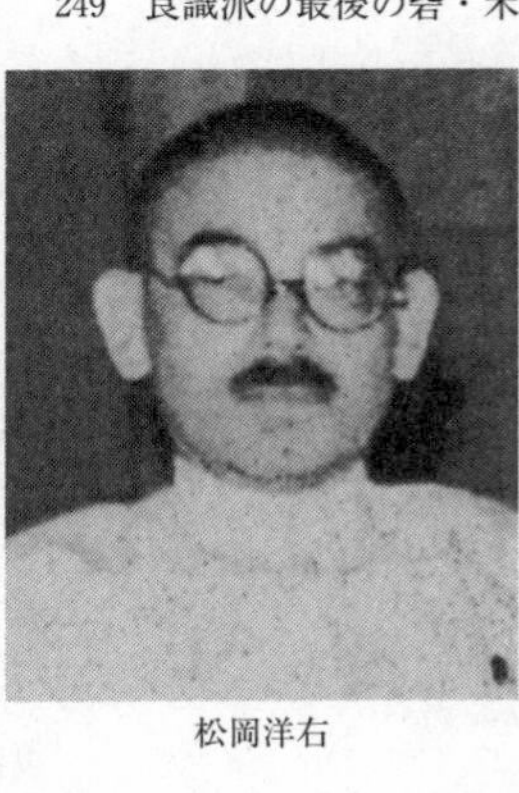
松岡洋右

スターマーは松岡に対して、日独伊三国軍事同盟は、米国を欧州大戦に参加させないための牽制策であること、さらには三国同盟にソ連をも引き込んでの四国同盟に発展させる用意がある、と説いた。

松岡の試案は、日独伊による世界分割案であり、さらにまた独伊は日本の極東、東南アジアにおける指導的地位を認めるというものだった。

これに対してスターマーは、翌十一日、松岡の第三条をつぎのように修正して、対米軍事同盟の性格を明確にするドイツ側案第一案を提示した。

③日本、ドイツ、およびイタリアは前述の趣旨に基づく努力について相互に協力し、かつ協議すること並びに右三国のうち一国が現在のヨーロッパ戦争または日支紛争に参入していない一国によって攻撃された場合には、あらゆる政治的、経済的および軍事的方法によって相互に援助すべきことを約す。

スターマー対案をめぐって、九月十二日、朝四相会議が開催された。席上松岡外相と東条陸相は、その受諾を主張した。これに対して及川海相は留保的態度を示したため、結局この会議では結論を得ることはできなかった。このため外務省と海軍の間で、意見の調整が必要になった。

同夜、松岡外相と豊田貞次郎海軍次官、岡敬純軍令部第三部長が会談を持った。ここにおいて海軍側は、本文のほかに付属議定書と交換公文を設け、そしてその中で、事実上、参戦の自主的判断を各国政府が保有するという趣旨の規定を謳い、さらに日本の委任統治する旧ドイツ領南洋諸島問題、対ソ国交調整にも触れるということで、海軍側は最終的に同意した。

翌十三日、海相官邸において省部首脳（伏見宮軍令部総長を除く担当部局長、すなわち及川海相、豊田次官、阿部軍務局長、近藤軍令部次長、宇垣第一部長）による会議が開かれ、右の妥協案に対する海軍側の同意を確認した。この会議で及川海相は、日独伊三国軍事同盟がわが国の今後にいかなる影響をあたえるかの理論的解明を行なわずに、ただ「もう大体やることにしてはどうかね」と述べ、賛成した。反対したのは宇垣第一部長ただ一人だった。

かくして九月十四日、四相会議が、つづいて連絡会議準備会が開かれた。出席者は、近衛首相、松岡外相、大橋（忠一）外務次官、東条陸相、阿南陸軍次官、武藤陸軍軍務局長、沢田参謀次長、豊田海軍次官、阿部海軍軍務局長、近藤軍令部次長であった。

豊田貞次郎

近藤次長は、「速戦即決ならば勝利を得る見込みがある」と述べるとともに、来春（昭和十六年）になれば戦争としては一段と有利であるとした。またわが対米海軍比率は今までで最高の七割五分となることから、英仏の撤退にともなって生じた東南アジアの力の空白をドイツによって占められる前に、ドイツと話し合って日本が獲得せんとする打算が働いていた。

松岡外相は、「日独伊を前々内閣のように曖昧にしてドイツの提案を蹴った場合、ドイツは英国を倒し、最悪の場合は欧州連邦を作り、米と妥協し、英蘭等を植民地にして日本に一指も染めさせぬだろう。残された道は独伊との提携以外にない」と述べた。

これらの発言を受けて及川海相は、「それ以外道はあるまい。ついては海軍軍備の充実につき、政府や陸軍当局も考慮してもらいたい」と、三国同盟締結同意を海軍予算の増額との取引に使ったかのような印象を会議列席者にあたえたのだった。

(4) 三国軍事同盟と海軍の立場

話は前後するが、昭和十四年(一九三九)七月、山本五十六海軍次官は、「海軍と言うところは、誰が来てもその統制と伝統には少しも変わりなく、誰が大臣になろうとも、誰が次官になろうと、無責任な、いはゆる独伊との攻守同盟のようなものに乗ることは絶対にない」と述べていた。しかし、山本の日本海軍に対する信頼は買い被りだった。日本海軍は、米内、山本、井上らを除くと、中堅層のほとんどが親独派で占められていた。

昭和十五年八月三十日、米内に代わって海相に就任した吉田善吾は、山本とは海兵の同級生であり、心を許しあった間柄だった。

日独伊三国軍事同盟に海軍が反対する根本理由は、日本がドイツに引き込まれてアメリカと戦うようになった場合、我が方に勝算がないところにあった。

軍令部では、昭和十五年五月十五日から二十一日にかけて、蘭印を占領した場合における「対米持久戦」に関する第一回図上演習を実施した。その結果は、つぎのごとく、まったく悲劇的なものであった。

①開演当初の青軍（日本）の作戦はきわめて順調に経過したが、時日の経過にともない、青軍の兵力は漸減し、損傷艦艇の修理に手一杯で、新造艦艇の増加も、赤軍（米軍）に比し、格段の差を生じた。赤軍はその国力に物を言わせ、海上兵力の増勢目覚ましく、青赤両軍の兵力比は開戦一年半にして一対二となる。

②作戦の様相は完全に持久戦となり、青軍の額

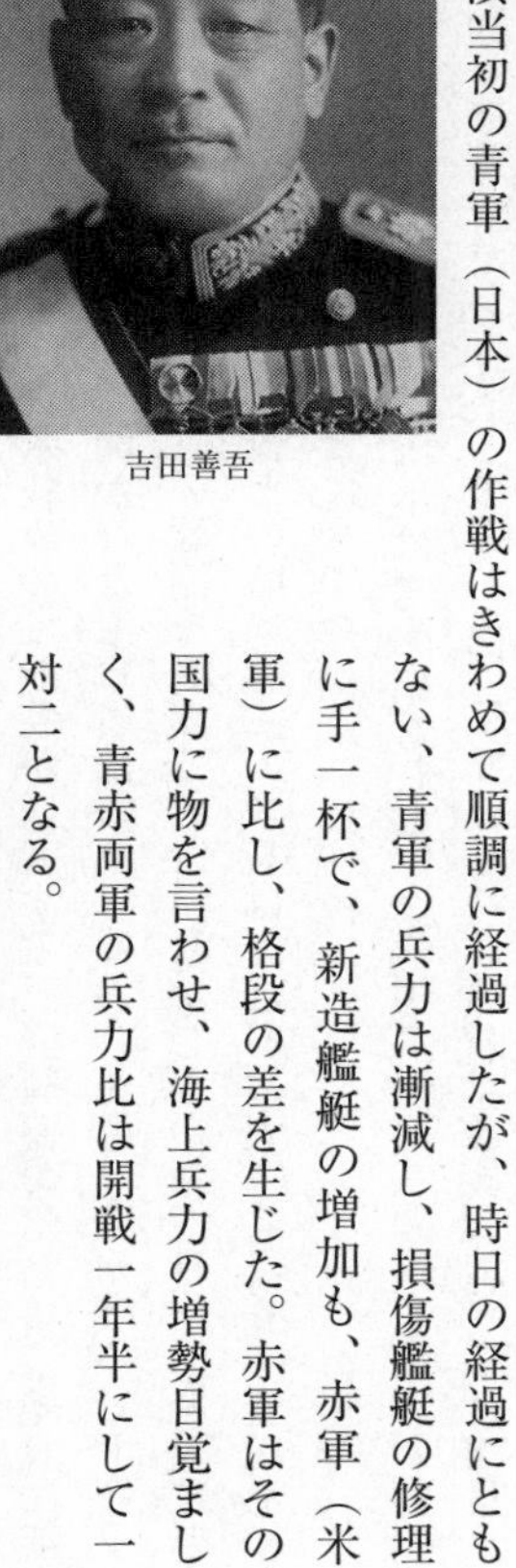
吉田善吾

勢顕著で、勝算はいかに贔屓目に見ても、まったく認められなかった。

したがって吉田海相は、日米戦争の可能性が増大する三国同盟の締結には絶対に反対で、八月二日の海相官邸で開かれた海軍省部の会議においても、欧州戦争でドイツが対英戦に勝利を得るごとき甘い観測を戒めていた。しかしながら、日々の経過にともなって、吉田海相と中堅幕僚との時局認識のズレはしだいに大きくなり、吉田海相は重度のノイローゼに陥ることになった。

平沼内閣が総辞職する時、山本は米内に対して、「吉田とは同期です。吉田の強みも弱みも知り尽くしています。彼の弱みは私でなければ補強できません。私を次官として残してください」と迫ったが、右翼による山本の暗殺を懸念する米内海相の容れるところとならなかった。

吉田海相の下の海軍次官住山徳太郎は温厚な人柄であり、米内海相時代の山本次官のような働きは、とうてい期待できなかった。軍令部次長の近藤信竹は親独派であり、以前は中立的だった阿部勝雄軍務局長もしだいに枢軸派になっていった。

八月に入ると吉田は心身ともに衰弱した。八月のある日、大臣室を訪ねてきた近藤軍令部次長の胸ぐらをつかんで、「この日本をどうするつもりか……」と叫んだ。

八月三十日、海相室で書類の仕分けをしていた福地誠夫少佐と杉田一三少佐は、吉田海相が、「このままでは日本は滅亡してしまう」と呟くのを耳にした。九月四日、吉田海相は、極度の疲労のためついに辞職した。

九月十五日夕刻、海軍首脳会議が開催された。参集者は、海相、次官、軍令部総長ら省部首脳のほか、各軍事参議官（大角岑生、永野修身、百武源吾、加藤隆義、長谷川清）、各艦隊司令長官（山本五十六連合艦隊兼第一艦隊、古賀峯一第二艦隊）および各鎮守府司令長官だった。

上京に際して山本長官は、海軍省部首脳が対米戦争に対して、はたして勝算を得られると考えているかどうか問いただすべく、連合艦隊参謀渡辺安次中佐に命じて、日米兵力、および戦略物資について詳細な資料を用意させていた。

ところが会議に先立って及川海相は山本に対して、「軍事参議官は先任の永野より、間に合えば大角より、三国同盟の締結に賛成の発言があるはずにつき、艦隊としても同意の意味を言ってもらいたい」と頼み込んできた。

会議では豊田貞次郎次官が司会をして、阿部勝雄軍務局長が経過説明をした。このあと伏見宮軍令部総長が、「ここまで来たら仕方ないね」と理由にもならない理由を述べ、つづいて立った大角岑生軍事参議官も、賛成の旨を表明した。

こうした会議の雰囲気に抗するかのように、山本長官が立ち上がって、「昨年の八月まで、私が次官をつとめていた当時の企画院の物動計画によれば、その八割までが英米勢力圏の資材で賄われることになっていたが、今回、三国同盟を結ぶとすれば、必然的にこれを失うはずであるが、その不足を補うため、どういう物動計画の切り替えをやられたのか。この点を明確にして、連合艦隊長官としての私に安心をあたえていただきたい」と述べた。

及川古志郎

しかしながら及川海相は、この山本の質問に直接答えようとせず、「いろいろ意見もありましょうが、先に申し上げたとおりですから、この際は三国同盟にご賛成願いたい」と逃げを打って、終わりにしたのだった。

会議後、憤懣やるかたない山本が及川を追及したところ、及川は、「事情止むを得ないものがあるので勘弁してくれ」と懇願した。山本が「勘弁ですむか」と迫ったが、後の祭りだった。

これより二ヵ月後、山本は兵学校で同期（三十二期）の嶋田繁太郎支那方面艦隊司令官宛の昭和十五年十二月十日付書簡の中で、「日独伊同盟前夜の事情、その後の物動計画の事情を見るに、現政府のやり方はすべて前後不順なり。今更米国の経済圧迫に驚き憤慨するなどは、小学生の刹那主義にてうかうかと行動するにも似たり」と述べていた。

海軍首脳会議のため上京した際、山本は近衛首相と会談する機会があったが、席上山本は、「今の海軍本省はあまりに政治的に考え過ぎる」と述べ、さらに「（日米戦争は）是非やれと言われれば、はじめの半年や一年の間は随分暴れて御覧に入れる。しかしながら二年三年となれば全く確信は持てぬ。三国条約が出来たのは致し方ないが、かくなりし上は、日米戦争を回避するやう極力ご努力願いたい」と述べた。

ところで山本は、嶋田宛の手紙の中で、近衛が海軍の突然の三国同盟賛成に関して訝（いぶか）った態度を見せたことに関して、「随分人を馬鹿にしたる如き口吻にて不平を言われたり。これらの言い分は近衛公の常習にて驚くに足らず。要するに近衛公や松岡外相等を信頼して海軍が足を土から離すことは危険千万にして、誠に陛下に対し奉り申し訳なきこととなりとの感を深く致し候」と批判していた。

十月十四日、西園寺公の秘書の原田熊雄と懇談した際、山本はつぎのような感想を述べた。

「実に言語道断だ。しかし自分は軍令部総長および大臣の前で、これから先、どうしても海軍がやらなければならないことは準備として絶対に必要である。自分は、思ふ存分準備のために要求するから、それを何とかして出来るようにしてもらわなければならん。自分の考えでは、アメリカと戦争するつもりでなければ駄目だ。要するにソヴィエトなどと言ふものは当てになるもんじゃない。アメリカと戦争をしているうちに、その条約を守って後から出てこないといふ事を、どうして誰が保障するのか。結局自分は、もうこうなった以上、最善を尽くして奮闘する。そうして長門の上で討ち死にするだらう。その間に、東京あたりは三度ぐらい丸焼けにされて、非常に惨めな目に遭ふだろう。そうして、結果において近衛なんか、気の毒だけれども国民から八つ裂きにされるやうなことになりゃせんか。実に困ったことだけれども、もうかうなった以上は已むを得ない」

山本は、今後の戦争の経過を的確に見通していた。

昭和十四年十月十八日、海軍省軍務局長から支那方面艦隊参謀長に転出していた井上成美は、日本海軍があまりにも安易に三国軍事同盟に同意したことについて、つぎのように批判した。

「日独伊三国同盟は、昭和十五年九月、及川大臣、豊田(貞次郎)次官(豊田大臣、

及川次官と言った方がピッタリ）の時結ばれ、日本海軍数十年来の伝統を破って、海軍までが親独に踏み切った。その後ある席上で、『我々が生命を賭してまで守り戦った三国同盟に、その後一年経つと、いとも簡単に海軍が同意したのは、いかなる理由によるのか』と当時の責任者に尋ねたら、『君たちが反対した自動参戦の条文は抜かれたので、後は何も問題はないんだよ』との答弁で、我々の時、ドイツは戦争には入っていなかったのに、今度独伊と結んだ時には、独は不徳千万な侵略戦争をやっている最中であるという大事なことを考えもせぬ。呑気と言うか、おめでたいと言うか全く評するに言葉なしでただただ唖然とした」

しかしながら、三国軍事同盟に強く反対していたのは、日本海軍内では米内、山本、井上などの一握りの人間であって、省部の課長級の中堅層は皆推進派に属していた。

その中心は、後に（昭和十六年十一月）第一（政策）委員会を形成した石川信吾、神重徳、高田利種、柴勝男ら佐官クラスであり、さらに彼らを支援する提督として岡敬純（昭和十四年十月に軍令部第三部長、十五年十月に軍務局長）がいた。

彼らの中には、神、高田、柴のようにドイツ駐在武官だった者もいて、一様に強い親独と反英米の感情を抱いていた。この時期の同盟推進論者は、ドイツの西方攻勢の成功に乗じて日本が南進するためには、ドイツとの提携が不可欠と考えていた。

また、近藤信竹軍令部次長、中沢佑作戦部長、大野竹二第一部長直属甲部員（戦争指導）ら、軍令部の指導的スタッフも、ドイツの英本土上陸成功と英国の早期敗北を大真面目に予測していた。山本たちが恐れている対米戦争の危険については、三国同盟締結による威嚇で米国の欧州大戦参戦を昭和十五年いっぱい阻止できれば、英の敗北によって米国の参戦目的は失われると考えていた。

このように当時の日本海軍内には陸軍と同様に、「他人の褌」をあてにした機会主義が蔓延していた。したがって米内、山本、井上らが中央を去ると、確固たる意見を持っていない及川海相は、こうした空気に流されるまま、あっけなく三国軍事同盟に賛成してしまった。

木戸幸一の昭和十五年九月十四日付『木戸日記』には、「東条陸相より独伊との関係の件は、陸海本日一致せる旨内話あり」と記されていた。

海軍側の同意の条件となった附属議定書と交換公文を設ける作業が、斎藤良衛顧問を中心にして進められ、その結果、六項目からなる議定書と二つの交換公文の案文が作成された。

九月十九日、宮中において、三国同盟締結に関し、国策として最終的に決定するための御前会議が開催された。

会議には、政府側から近衛首相、松岡外相、東条陸相、及川海相、河田（烈）蔵相、星野（直樹）企画院総裁、統帥部からは閑院宮参謀総長、沢田（茂）参謀次長、伏見宮軍令部総長、近藤軍令部次長、それに枢密院の原（嘉道）議長らが出席した。

会議は午後三時より六時までの三時間開かれ、日独伊三国軍事同盟条約の締結を承認した。つづいて天皇の裁可が下り、条約調印の国内手続きは、枢密院の諮問を残すだけとなった。

九月二十六日、宮中において、日独伊三国軍事同盟に関する枢密院委員会が開催され、全会一致をもって可決され、同夜の本会議にかけられた。

本会議において元外相の石井菊次郎顧問は、「独国宰相ビスマルクはかつて、『国際同盟においては一人の騎馬武者と一匹の驢馬（ろば）とを愛す。而して独逸国は常に騎馬武者たらざるべからず』と言へり。……新興ナチス独逸国は必ずしも帝政ドイツ国と軌を一にするものに非ずと謂ふ者あらん。さりながらナチス独逸国の総統ヒトラーは危険少なからざる人物なりと思料す」と、歴史的事例を引いてその運用に注意するように警告を発したが、会議の大勢を覆すまでには至らなかった。

九月二十七日、日独伊三国軍事同盟はベルリンにおいて調印された。

(5) 米内光政の生い立ち

今から二十五年ほど前になるが、盛岡に行ったついでに八幡宮の境内に建っている米内光政(明治十三年〈一八八〇〉三月二日~昭和二十三年〈一九四八〉四月二十日)の銅像を仰ぎ見て深く感動した覚えがある。この銅像の米内は、蝶ネクタイをして少し憂いの顔をしている。終戦という大任を終えた光政が、盛岡に墓参に訪れた際の姿を映したものであるという。

銅像の台座の銅版には、慶應義塾大学塾長の小泉信三による、「昭和二十年八月太平洋戦争の終局に際し、米内海軍大臣が一貫不動平和の聖断を奉じて克くわが国土と生民をその壊滅寸前に護ったことは、永く日本国民の忘れてはならぬところである」という言葉が刻まれている。

米内光政は明治十三年(一八八〇)三月二日、岩手県盛岡市下小路六十五番戸に生まれた。もっとも盛岡が市となるのは、明治二十二年四月一日のことであるが……。

光政の父は元盛岡藩士の受政(なりまさ)、母はミワ(後にトミと改名)で、その長男として生まれた。光政誕生時の家族には、父受政、母ミワのほかに、祖父の秀政と二歳上の姉で長女のヒサがいた。家は旧盛岡藩主の下屋敷筋向かいにあった。

父受政は、祖父秀政に子がいなかったために迎えられた養子だった。盛岡藩士豊川種房の次男で、種房の父は心眼流の剣術師範だった。米内家もまた藩政時代には為心流の剣術師範だったことから、豊川家との養子縁組は剣術師範の家系を継がせるものであった。

母のミワは、親築地に住む奥家老松尾立身の四女だった。

光政は米内家の九代目となる御曹司だった。したがって光政は少年時代、「お屋敷のワゴサン」と呼ばれて育った。

盛岡藩は戊辰戦争では賊軍の立場にあった。慶應四年（九月から明治元年）五月、盛岡藩は奥羽列藩同盟二十五藩の仲間入りをした。しかし、七月になると列藩同盟からも秋田藩や弘前藩などが脱藩した。このため盛岡藩は秋田藩攻めを行なった。これに光政の父の受政も従軍した。

九月十五日、奥羽列藩同盟の中心となっていた仙台藩が降伏し、盛岡藩も力尽きて九月二十五日に降伏した。こうした悲劇から十余年後、光政は米内家の再興を担って生まれたのだ。

光政四歳の明治十六年、祖父の秀政が亡くなった。この年、家族は八幡町に引っ越した。

父受政は、十六歳から戸長として村役場第一番扱所につとめていた。ところが、明治十七年十月四日、盛岡で千戸以上が焼失する大火が発生し、米内家も類焼した。父受政は戸長としてその後始末に当たった。

父の受政は比較的裕福な家庭に育ったため性格は鷹揚で気前がよく、遊びも派手だった。色町の八幡町の女のところに入り浸ったりもした。そんな具合だからじっと家庭に居るということにはなれず、養蚕とか植林、畜産といろいろな事業に手を出した。しかしどれもうまくいかず、明治十九年、光政が小学校に入学した年には食い詰めてしまい、東京の銀行につとめていた兄の豊川痴疑雄を頼って出奔した。そのため母トミは針仕事をして、その後三年にわたって生計を立ててゆかなければならなかった。

受政は明治二十二年の早春、盛岡に戻ってきて、この年四月一日に市制を施行された盛岡市会から初代市長に推されたものの、勤皇派の県知事の石井省一郎の反対にあって実現しなかった。

これで政治の道を見限った受政は、生糸商丸福の共同経営に乗り出した。ところが受政を迎えて三ヵ月後に店の主人が急死したため、莫大な借財を背負い込む羽目になった。とても処理ができない受政はまたもや家を捨てることになった。そのためトミは、またもや針仕事で子供二人を養わなければならなくなった。屋敷も高利貸しの抵当に入っていたため、とうとう親子三人は八幡町の四軒長屋に住むことになった。

姉のヒサはこのころの母について、後に「大変勝気で厳格な人で、絶えず厳しくしつけられました。……母の厳しいしつけを通して、責任、努力、忍耐というような徳目を、自然に身につけたのでございます」と語っている。

光政が入学した小学校は、盛岡高等小学校であり、校長は書家にして俳人の新渡辺仙岳であった。同窓には、後の外務次官・駐米大使の出渕勝次（七級上）、海軍中将となる原敢二郎（一級上）八角三郎（同期）、アイヌ語・ユーカラ研究で高名となる金田一京助（二級下）、陸軍大臣となって日独伊三国軍事同盟問題で海相の米内と対立する板垣征四郎（三級下）、そして歌人石川啄木（七級下）などがいる。

後年、金田一京助は光政について、「高等小学校時代、少し白っぽい縞柄の袴をつけた米内さんは、好い盛岡人の『士族のわごさん』の典型的な人で、颯爽とした中に、温厚、玉のような、落ち着いた物静かさと篤実味とが、懐かしさを以って下級の私どもに振り返られる先輩の一人だった」と回想している。

明治二十七年、光政は盛岡高等小学校を卒業し、盛岡中学校に入学した。この年八月一日に日清戦争がはじまった。八幡町の裏長屋に住みながら、背が高く左肩を少し上にあげ頭を右に傾けて歩く光政の存在は、下級生の憧れの的だった。

姉のヒサは、光政が中学二年生になった明治二十八年、岩手県師範学校教師の名久井政太郎のところに嫁いだ。

光政が二年生の時、月五十銭の授業料が払えず、名前を廊下に張り出されたことがあった。この時、五年生の組長の高橋太一郎が自分の担任であった富田小一郎の自宅に立ち寄って、「授業料を使い込むのではなくて、家庭の貧しさゆえに滞納する生徒の名前まで張り出すのはどんなもんでしょうか」と言って抗議した。教師の富田はこの言葉に頷(うなず)いた。翌日、光政の名前が載った張り紙は廊下から消えていた。以来光政は、この時の高橋の友情と教師の富田の恩情を終生忘れなかった。

富田は自分自身が一時海軍軍人を目指したことがあり、そのため生徒たちにも海軍入りを勧めた。富田は後に海軍中将となった光政について、「米内はくそ真面目な勉強家でもなく、さりとて教師の手に余る暴れん坊でもなかった。いわば普通の生徒だった。……家が貧しいので米内は苦学していた。今のように謄写版のない時代だから、筆耕という仕事が多く、それをこつこつやっていた。数学の好く出来た少年で、僕もあまり叱った事がなかった」と書いている。

光政に海軍入りを勧めたのは、恩師の富田のほかに、同級で柔道仲間の八角三郎がいた。八角の父が後に首相になる原敬と親しく、その原が友人の子弟を陸海軍軍人にすることをしきりに勧めた。八角の叔父に、栃内曾次郎、山屋他人がいた。二人はいずれも海軍大将で連合艦隊司令長官を歴任した。そのため海軍には身近な親しみを感じていた。

また岩手県出身では、斎藤実（後に海相、首相）がいた。岩手県内陸部は海に遠いが、斎藤の存在が大きな刺激となって、多くの海軍将官を生んだ。

米内に及川古志郎を加えて、海軍大将五人というのは、鹿児島、佐賀県につづいて全国で三番目である。

八角は光政に、「俺と一緒に海軍に行こう」と誘った。そんなことがあって光政は五年生になったとき、母のトミに海軍兵学校受験の決意を語った。トミとしては学費をつづけることができないため、夫の友人の高村清之助に相談して力を借りることにして、息子の受験を許した。

明治三十一年七月、光政は五年生在学のままで八角ら同級生三人とともに、仙台で兵学校の入学試験を受けた。中学卒業生は英語、漢学、数学の三科目であり、中学の在学生はこれに地理、歴史、物理、化学が加わった。それを一日一科目ずつ受験させられて、成績の良くない者はふるい落とされてゆくという厳しいものだった。その結果は四人のうち、光政、八角、高浜三他人の三人が合格した。かくして光政は、明治三十一年年十二月、江田島へ旅立った。

　第二十九期生徒中、米内の入校席次は、百三十七名中五十七番だった。兵学校における米内の学業成績は、いつも中位で目立つことはなかったが、柔道はクラスの誰もかなわなかった。

　明治三十四年、米内は兵学校を卒業して海軍少尉候補生になった。米内の二十九期卒業席次は、百二十五名中六十八番だった。同級生の成績は、高橋三吉五番、藤田尚徳十五番、八角三郎七十五番、荒城二郎八十六番であった。

　一年先輩の二十八期には永野修身（開戦時の軍令部総長）、二期後輩の三十一期には、盛岡中学の後輩の及川古志郎（三国同盟締結時の海相）がおり、つぎの三十二期には山本五十六（開戦時の連合艦隊司令長官）、嶋田繁太郎（開戦時の海相）がいた。

　米内ら少尉候補生は、明治三十五年二月から二艦に分かれて、練習航海、そしてオーストラリア、ニュージーランドへの遠洋航海に出た。

　明治三十七年二月、日露戦争が開始された。同年七月、米内は中尉に進級した。明治三十八年五月二十七日の日本海海戦では、米内は第一艦隊、第二駆逐隊の電（いなずま）に乗り組み、僚艦の朧（おぼろ）、雷（いかずち）、曙（あけぼの）とともに、夕刻からバルチック艦隊の戦艦群に魚雷攻撃を行なった。米内は運よく負傷しなかったが、二十九期の同級生は十三名が戦死した。昭和に入って軍令部総長を永くつづける伏見宮は三笠で、山本五十六は日進で負傷した。

米内は日本海海戦の戦功によって、功五級の金鵄勲章をもらった。日露戦争後、米内は電から、一等巡洋艦磐手の分隊長心得になった。次いで明治三十九年、大尉に昇進して新高の分隊長、さらに戦艦敷島、次いで明治四十三年四月一日、薩摩の分隊長になった。

大正元年（一九一二）、米内は少佐に昇進した。海軍でも将官になるには海軍大学校を卒業することが一つの要件になっていた。これは絶対ではなく、中には大学校を出ないで大将になっている者もいたが、あくまでも例外だった。

米内の同級生も大尉で海大に入った者が何人かいたが、米内自身は一向に入ろうとはしなかった。そこで仲のいい同級生が心配して、「貴様も大学校に入れ、勉強の手伝いぐらいはしてやるぞ」と勧めた。「そんなに勧めてくれるのなら、一つ受けてみようか」と、米内もようやくその気になって勉強したところ合格することができた。

大正三年（一九一四）五月、米内は海大を卒業して、翌大正四年二月、ロシア大使館付武官補佐官となって露都ペテルスブルクに赴任した。米内がペテルスブルクにいた期間は二年で、大正六年（一九一七）二月、帰朝が命ぜられ四月に帰国したが、この年の三月にはロシア革命が起き、ロマノフ王朝が倒れた。

米内がいた時期は革命前夜であり、国が崩壊していく様をつぶさに見てきた。帰国して纏めたロシアに関する報告書が核心をついていたため、米内に対する評価は一段と上がった。大正七年八月、米内は軍令部参謀の資格で、ウラジオ派遣艦隊司令部付となって、一年半シベリア生活をした。

大正八年（一九一九）八月、帰国した米内は海大の教官などをして、翌九年六月に欧州出張を命ぜられ、ドイツやポーランドで戦後の欧州の状況、とくにソ連の革命進行を視察することになった。米内が海軍軍令部に送る情勢判断はいつも的確で評判がよかった。ポーランド、ドイツを中心にして、ドイツ人の性格、ロシア人の民族性を研究したことが、後日、日独伊三国軍事同盟問題や終戦工作の際に非常に役立った。二年半、欧州に滞在している間に、米内は大佐に進級した。しかし艦長をつとめねば将官になることはできなかった。そのため大正十一年から十四年まで三年間、春日、磐手、扶桑、陸奥の艦長を歴任した。

大正十四年、米内は海軍少将に昇進し、第二艦隊参謀長に補された。第二艦隊の旗艦は山城であった。司令官は谷口尚真中将だった。谷口は五十一期生が江田島を卒業する時の兵学校長であり、遠洋航海の磐手を見送った。広島の浅野藩谷口真郷の子で、同郷の加藤友三郎を尊敬する見識のある謹厳な提督だった。

米内は酒豪であった。いくら飲んでも酔わなかった。たとえ酔っていても形を崩すということがなかった。洒脱で美丈夫な米内は女に好かれた。そんな米内が謹厳無比な谷口の参謀長になったため、米内が谷口をどう扱うか、皆好奇心を持って見守っていた。

ある日のこと、米内は色紙を持って谷口の前に出た。

「長官、これはいかがです。私の習作ですが……」。米内が差し出した色紙には、「河の水魚棲むほどの清さかな」と書いてあった。人間はあまり清廉潔白では周りの者は窮屈で息苦しくなる。どんな魚でも棲める程度の清さであったほうが良いという意味である。

谷口はしばらく凝視していたが、「ありがとう。よくできている」といって納めた。谷口はもとより米内の真意を汲み、よい参謀長を得たと喜んだ。

その後、谷口は呉鎮守府長官に転出した。ある日、本省の人事局長をしていた米内と同期の藤田

谷口尚真

尚徳が、人事上のことで谷口に意見を聞きにきた。

雑談になったとき谷口が、「君のクラスで誰が一番有望かね」とたずねたところ、藤田は「それは米内です。あれは長官が参謀長としてお使いになったから良くご存知でしょうが、第一等の人物です。大器晩成というところでしょう」と即座に答えた。

参謀長を終えて、今度は軍令部の第三班長（情報班）に就任した。各国の大使館や公使館には陸海軍武官が付けてあるが、軍事その他の情報を取って、参謀本部や軍令部に報告する任務である。第三班では、世界中から集まってくる情報を分析して、作戦計画を立てる際の資料にする仕事だった。

昭和三年（一九二八）十二月、米内は第一遣外艦隊司令官になって揚子江に浮かぶことになった。

昭和五年十二月一日、米内は高橋三吉、藤田尚徳ら同期六人に一年遅れて中将に昇進するとともに、鎮海要港部司令官という閑職に転勤させられた。

米内自身、鎮海にやられたことは一応クビの前提と考えた。昭和七年秋、進級会議のため海軍省に出頭した米内は要件をすませて、ふらりと同期の藤田尚徳がいる次官室を訪れた。

「俺はもう遠からず離現役となるだろう。その覚悟はできているよ」といつものように平静な表情で言った。人事局長から次官に昇任した藤田は、人事の機微に精通していた。藤田とすれば、「帝国海軍多士済々とはいえ、大人格で多数を抱擁し、一朝有事の際に真に頼みになる人物は何人いるか。頭脳だけではない。学識だけではない。無論権謀術数だけではない。こうして仔細に検討してくれば、米内こそわれらの信頼に応えうる第一人者ではないか」と考えていたから、「クビを覚悟」と米内が言ったとき、「馬鹿いうな。大丈夫だよ」と危うく言い出しそうになった。

昭和七年十二月、米内は左近司政三の後を受けて第三艦隊司令長官に親補された。ところが翌八年秋、米内は胸部疾患にかかって静養しなければならなくなった。かくして米内は、九月十三日付で軍令部出仕ということになって静養に入ったが、幸いにも回復が早く、十一月十五日付で佐世保鎮守府司令長官になって復帰した。

この佐鎮時代に発生したのが水雷艇友鶴転覆事件だった。昭和九年三月十二日、長崎県平戸島志々伎崎南方において、佐鎮所属第二十一水雷艇友鶴が転覆して、艇長岩瀬奥市少佐以下九十八名が殉職し、わずか十三名が救助された。

海軍ではこの転覆事件の原因を徹底的に解明すべく査問委員会を設置して調査した結果、六百トンの小艇に一千トンの軽巡級の武装をさせたことが原因ということが判明した。

米内は「風浪によって転覆するような艦艇は全部破棄すべし」との上申書を出した。佐鎮に在ること二年、昭和十年十二月、横須賀鎮守府司令長官になり、翌十一年十二月には連合艦隊司令長官兼第一艦隊司令長官に親補された。海軍軍人としては最高の名誉ある地位であった。

横須賀に転任して間もなく、十一年二月二十六日、二・二六事件が発生した。

その頃の海軍の首脳は、大角海相、長谷川清次官、豊田副武軍務局長、伏見宮軍令部総長、嶋田繁太郎次長、近藤信竹第一部長であったが、事件を知っても誰一人ただちに事態収拾に動こうとはしなかった。横須賀にいた米内には、この事件の気配は前からわかっていた。米内長官と井上成美参謀長は迅速な対応をした。

米内は後任副官阿金一夫から事件発生の報告を受けると、「参謀長と打ち合わせたら、また知らせてくれ」といった。

井上参謀長は、雪の中を鎮守府に駆けつけ、非常呼集の上、「参謀長をただちに東京へ派遣して、情報連絡に当たらせる。また特別陸戦隊を搭乗させて、軽巡洋艦木曽を芝浦へ向かわせる」などの措置を手際よく決定した。

専任参謀や副官が、「決起部隊」を一体何と呼んでいいか迷っている時、米内は毅然として、「これは明らかに反乱軍である」と断言し、「今回の反乱軍の行動は絶対に許すべからざるものだ。管下各部隊の所轄長を参集させよ。それまでにこれを印刷しておくように」といって、自分で書いた訓示を副官に渡した。横須賀の海軍部隊は、これで動揺することなく決起部隊を反乱軍とみなして対処する方針が定まった。

「万一の場合は海軍の兵力で陛下を比叡にお迎えして、米内長官が全艦隊の指揮に当たるべきです」と井上は米内に進言していた。

二・二六事件は内大臣斎藤実、蔵相高橋是清をはじめ重臣・元老の犠牲者を何人も出した。侍従長の鈴木貫太郎も重傷を負った。その後任に米内が擬せられたことがあった。侍従長の資質として必要なことは、天皇の絶対の信頼と公平無私の忠誠心である。結局、これは米内が連合艦隊司令長官に任ぜられたため実現しなかったが、そのポストに擬せられたところに米内という人物の最大の特徴があった。

二・二六事件以後、強圧的に国家主導権を握ろうとする陸軍は、陸軍大将林銑十郎を首班とする軍人内閣を作った。これに対して海軍は、その全組織を掌握できるほどの懐の広い人物が必要だった。こうなると米内という人物が、海軍内で断然存在感を増すことになった。

米内の海相実現は、すでに次官だった山本五十六のたっての慫慂（しょうよう）によって実現した。

以後、米内は連続三代の内閣に海相として留まることになった。

海相として米内が心を砕いたことは、全海軍を大臣の厳重な統制下に置くことだった。昭和十二年十月、井上成美を軍務局長に据え、米内海相、山本次官、井上軍務局長のトリオで海軍の政治的妄動を断固抑えた。

最初に海相となってから半年も経たない昭和十二年七月七日、日中戦争が開始された。当初の不拡大方針に反して陸軍はどんどん戦線を拡大していった。それをどうやって抑えていくかに米内は日夜腐心した。

海相の米内に対しては、「金魚大臣」という陰口が叩かれた。見かけだけはいいという意味だった。それは米内が論敵に対しても決して居丈高に振舞わなかったからの評でもあった。日中戦争と日独伊三国軍事同盟問題に揺れる内閣にあって、米内、山本、井上の海軍左派トリオは日本の最後の砦となった。

(6) 歴史的な深夜の御前会議

小磯内閣が倒れた後、鈴木貫太郎内閣が成立した。鈴木には天皇の真意が終戦にあることはよくわかっていた。それをどう実現するかが問題だった。

政治にズブの素人の鈴木には誰をどんなポストに置けばよいかまったく見当がつか

なかった。これを見かねた岡田啓介が女婿の迫水久常を手伝いにやった結果、やっと恰好をつけることができた。外相に東郷茂徳、陸相に阿南惟幾、海相には血圧が二百以上もある米内を強引に留任させた。その他、阿南と同期の安井藤治を阿南の相談役に、左近司政三を米内の相談役として、それぞれ国務大臣として入れた。各閣僚はバラバラのように見えたが、鈴木の人柄ゆえに、しだいに一体感が生まれることになった。

八月九日午前、宮中において最高戦争指導会議が開かれ、鈴木首相はポツダム宣言を受諾して戦争を終結させるべきだと提案した。阿南と梅津参謀総長はこれに反対し、戦争継続を主張した。これに対して米内は、「問題はポツダム宣言の無条件受諾か、条件を付けるかだ」と口火を切ったことから、がぜん議論が活発化した。

鈴木貫太郎

席上、東郷外相は、この際は絶対的条件である国体護持のみを留保条件とし、その他は条件とすべきでないと主張した。阿南陸相、梅津参謀総長、豊田軍令部長の三者は、ポツダム宣言の受諾を原則的に否定しようとはしなかったが、保障占領、武装解除、戦犯処理の三点について条件に付け加えるべきであるとして、外相との間で激論となった。この会議の最中の午前十一時三十分、二回目の原爆が長崎に投下された。

九日午後二時半から閣議が開かれ、東郷外相からはじめてソ連を通じて和平工作をしていたこと、およびソ連の参戦についての公式の説明があった。それまで陸海外三相をのぞく各大臣は、この問題についてカヤの外に置かれていた。

阿南陸相は「死中に活を求める意気込みで戦争継続」を主張したのに対して、米内は、「戦争を継続しても米英に対しては絶対に勝算はない。ましてソ連が参戦した以上、戦争継続はいたずらに損害を大きくするだけである。陸相の言われるように、継戦しているうちにはあるいは一回ぐらいは敵に相当の打撃をあたえうる機会があるかもしれぬ。しかしそういうことは二度、三度あるものではない。日本の現状は物心両面から観察してこれ以上の無益の戦争をつづけるべきではない。この際は降伏して他日の再起を図るか、一か八かで戦いをつづけるのが得策か、冷静に合理的な判断を下すべき時である。負け惜しみや希望的観測はやめて、実情に即して主張すべき点は強く主張するが、折れるところは思い切って折れるようにせねばならぬ」と主張した。

他の閣僚からも種々意見の開陳があったが、ポツダム宣言を受諾するか否かについての結論が出ないまま、午後五時半、いったん休憩に入った。

一時間後に再開された閣議で東郷外相は、国体護持以外の条件は付けるべきではないと力説した。これに対して阿南陸相は、条件を付けて入れられなければ戦争継続のほかないといい、米内海相の戦局判断についても「算盤で戦局は判断できぬ」と批判した。

再度の閣議にもかかわらず、午後十時過ぎになっても結論が出なかったため、鈴木首相はいったん閣議を中止し、最高戦争指導会議開催の許可を得るため、東郷外相をともなって参内、拝謁した。

こうして八月九日午後十一時五十分、宮中防空壕内の御文庫附属室において、歴史的な御前会議（最高戦争指導会議構成員会議）が開催されることになった。

会議には六首脳のほかに平沼（騏一郎）枢密院議長が特旨をもって列席を許され、その他幹事として迫水書記官長、池田純久総合計画局長官、吉積正雄陸軍軍務局長、保科善四郎海軍軍務局長らが出席し、また蓮沼蕃（しげる）侍従武官長が陪席した。

議案として、「天皇の国法上の地位を変更するの要求を包含し居らざることの諒解の下に」ポツダム宣言を受諾したいという東郷外相の説（甲案）と、阿南陸相の説（乙案）とが提出された。米内と平沼は東郷案に賛成し、梅津、豊田は阿南案に賛成した。もっとも平沼は、「国法上の地位」を「国家統治権」と訂正することを主張し、原案に対して曖昧な発言だった。

各員の発言が終わったところで鈴木首相は会議の決をとらず、ただちに天皇の裁断を仰いだ。天皇は外相の原案に賛成である旨述べられ、つぎのように付言された。

「大東亜戦争がはじまってから陸海軍のしてきたことを見ると、どうも予定と結果が大変違うことが多い。今陸軍・海軍では、先ほども大臣、総長が申したように本土決戦の準備をしており勝つ自信があると申しているが、自分はその点について心配している。先日参謀総長から九十九里浜の防備について話を聞いたが、実はその後侍従武官が実地に見てきての話では、総長の話とは非常に違っていて、防備は殆んど出来ていないようである。また先日編成を終わったある師団の装備については、参謀総長から完了の旨の話を聞いたが、実は兵士に銃剣さえ行き渡ってない有様であることがわかった。このような状態で本土決戦に突入したらどうなるのか。自分は非常に心配である。あるいは日本民族は皆死んでしまわなければならなくなるのではなかろうかと思う。そうなったら、どうやって日本という国を子孫に伝えることが出来るか。自分の任務は、祖先から受け継いだこの日本を子孫に伝えることである。今日となっては、一人でも多くの日本人に生き残ってもらって、その人たちが将来再び起き上がってくれるほかに、この日本を子孫に伝える方法はないと思う。それにこのまま戦いを続けることは、世界人類にとっても不幸なことである。自分は、明治天皇の三国干渉の時のお気持ちを考え、自分のことはどうなっても構わない。堪え難きこと忍び難きことであるが、この戦争を止める決心をした次第である」

時に八月十日午前二時三十分のことであった。十日午前三時、第三回目の閣議が開かれ、聖断にしたがって、国体問題だけに条件を絞ってポツダム宣言を受諾することに決し、午前四時十分に閣議は終了した。

外務省では所要の手続きによってポツダム宣言を受諾する旨を連合国に通告し、その回答を待つことにした。回答は十二日のアメリカ放送でキャッチした。

その中に、「降伏の時より天皇および日本国政府の国家統治の権限は降伏条項の実施のため、その必要と認むる措置を執る連合国最高司令官の制限の下に置かるるものとす」の字句があり、これが問題となった。

陸相および海軍統帥部は受諾反対に決し、陸海両幕僚長は受諾反対の上奏を行ない、陸相と参謀総長は連名をもって大本営直轄司令官に「継戦」の通告を発した。

しかし、鈴木首相、東郷外相、米内海相は受諾説をとって動かなかった。ことに米内は豊田軍令部総長が反対上奏をしたことを知って総長と大西（瀧治郎）次長を招致して厳しく叱責した。

連合国側は、日本の回答が遅れているので、故意に遷延させているのではないかと疑い、十三日から十四日にかけて、ことのほか激しい空襲をかけてきた。また、東京をはじめ各地の都市には、八月十日のポツダム宣言受諾の申し入れ、および連合国の回答を日本文で書いたビラを撒布した。事態は風雲急を告げてきた。いつまでも小田原評定をしている時ではなかった。そこで鈴木首相は天皇の思し召しによる形式で御前会議を開き、事態を明確にする決心をした。

会議は十四日午前十時半から宮城内の防空壕で開かれ、最高戦争指導会議構成員と全閣僚が出席した。鈴木首相から閣議においても二、三の異論があって最終的に決定するに至らなかった旨を奏上し、反対意見もご聴取願って、再度の聖断を仰ぎたいと述べた。阿南陸相と梅津、豊田の両総長の意見をご聴取になってから、天皇は再度聖断を下した。

天皇の言葉が進むにつれて、期せずして列席者の間から涕泣（ていきゅう）の声がしだいに高まってきた。天皇が一身をもって国民の苦難に代わられようとする言葉に、皆感激嗚咽した。天皇自身も、白手袋のままたびたび眼鏡をふかれ、頬に伝わる涙を拭（ぬぐ）われた。

ここで鈴木首相が立ち上がり、至急詔勅案起草の件を言上するとともに、重ねて聖断を煩わせたことを謝した。こうして歴史的な御前会議は終了したのだった。時に昭和二十年八月十四日正午ごろだった。天皇による聖断後、閣議において詔書の審議が行なわれ、副署上奏のうえ、裁可された。こうしてポツダム宣言受諾に関する国家意思が憲法上最終的に決定し、翌八月十五日正午、天皇の玉音が全国に放送された。

米内は終戦残務処理の東久邇(ひがしくに)内閣にも海相として留まった。十一月三十日、明治五年に設置されて以来、満七十三年九ヵ月で海軍省が廃止された。

極東軍事裁判は、戦争中幾度も海相をつとめた米内を戦犯に指定しなかった。その米内が一回だけ証人として法廷に立った。米内内閣崩壊の経緯を尋ねられたが、彼の証言は一貫せず曖昧なものだった。

昭和二十三年四月二十日、米内は東京の自宅で六十八歳一ヵ月の生涯を終えた。

21　真珠湾への道

（1）海軍第一委員会

太平洋戦争開戦における日本海軍の戦争責任問題については、昭和十六年六月五日に決定された海軍第一委員会報告書、「現情勢下において帝国海軍の執るべき態度」

評価とも絡んで、さまざま議論されてきた。

この第一委員会報告書がなぜ注目されるかと言えば、昭和十六年六月上旬の段階で、すでに日本海軍が、「和戦の決の最後的鍵鑰(けんやく)を握るものは帝国海軍をおいてほかにこれを求めえず」との決意の下に、三国同盟堅持―南部仏印進駐―米英蘭による対日石油禁輸―対米英蘭参戦、というシナリオを作成しており、それ以後の日本の歩みが、ほぼこの第一委員会報告書が想定したとおりに推移していったからである。

報告書の結論には、つぎのように記されていた。

(イ)、帝国海軍は皇国安危の重大時局に際し、帝国諸施策に動揺を来さしめざる為、直ちに戦争(対米をふくむ)決意を明定し、強気をもって諸般の対策に臨むを要す。

(ロ)、泰、仏印に対する軍事的進出は、一日も速やかにこれを断行する如く努るを要す。

この第一委員会の報告書は、海軍省軍務局第二課長石川信吾大佐の手によって作成されたものであった。

すでに見てきたように日本海軍部内には、加藤友三郎の思想を継承する日米不戦派(良識派、条約派、海軍省系)と対米敵視派(強硬派、軍令部系)の二つの流れがあった。

それが昭和八年から九年に行なわれた大角人事によって、日本海軍の主流は、米内海相（昭和十二年～十四年八月）、山本次官、井上軍務局長時代の一時期を除いて、対米強硬派に移ることになった。

第一委員会の構成員である高田利種、石川信吾、富岡定俊、大野竹二、柴勝男、藤井茂、小野田捨次郎らは、いずれも親独論者、対米強硬派であり、その中でも中心的人物と言えば、経歴と地位から言って当然、石川信吾となった。

海軍中央部より米内、山本らが去ってからは、海軍首脳の中で中堅層の強硬論に抗するだけの知力と胆力とを持った人物は見当たらなくなった。米内、山本、井上以後の海軍首脳はいずれも凡庸、かつ大勢順応主義者であった。

それに加えて軍機構も典型的な官僚機構であった。そこでは堅固な稟議制度が敷かれており、したがって担当主務者たちが決定した政策を上層部が覆すことは、容易ではなかった。

(2) 井上成美の「新軍備計画論」

こうした第一委員会報告書とはまったく対照的な意見書が、昭和十六年一月、及川海相の下に提出されていた。その報告書とは、当時航空本部長だった井上成美中将が、昭和十六年一月三十日付で書いた「新軍備計画論」と名付けられたレポートだった。

井上は明治二十二年（一八八九）、仙台に生まれ、海兵三十七期を卒業した後、長らく欧州勤務に就いていた。井上は三十歳の時、第一次世界大戦平和条約実施委員に任ぜられた。こうした経歴からして海軍内にあって井上は、抜きん出て国際的視野に長けた軍人と言えた。

また井上は、艦隊派に対する条約派の硬骨漢としても有名であった。井上は海軍省軍務局第一課長時代、軍令部の権限拡大を図った海軍軍令部条例改定に身を張って反対し、さらに軍務局長時代には、米内・山本・井上のトリオで日独伊三国軍事同盟に反対した。

井上の回想を読むと、彼が加藤友三郎の国防観（「国防は国力に相応する武力を整ふると同時に国力を涵養し、一方外交手段により戦争を避くることが目下の時勢において国防の本義なりと信ず」）の後継者であることがわかる。

「軍令部というのはね、海軍の象牙の塔ですよ。自分たちがエリートで、あとの有象無象は田舎侍だ、です。……軍令部は毎年作戦計画というものを出します。そうして陛下に御覧願う。結論として『現在の軍備で国防は安全でございます』と、そんな無私はそんなことは言わん方がいいと思う。『刻下の国防はこれで不安があります。しかしながら日本の国力から見てこれ以上の軍備をする方が無理でしょう。したがってそういう強国との関係は、外交でもっていさかいを起こさないようにして行くのが、日本の生きる道じゃないかと思います』、そのぐらいのことは陛下に申し上げていいんじゃないかと思うが、軍令部は、『国防は安全です』という。どう安全だ、と聞きたくなります。だから軍令部というところにいる連中はさっぱり進歩しない」

昭和十五年（一九四〇）十月、井上は軍務局長の職を退いて、支那方面艦隊参謀長を経て航空本部長に就任した。この職に任ぜられたことによって、井上は航空戦術の急速な進歩を改めて認識することになった。

昭和十六年一月、軍令部の⑤計画の説明を聞くために、海軍省首脳会議が開催された。この時、航空本部長として出席していた井上は、日米不戦の立場から、「この計画は、明治、大正時代の軍備計画である。……アメリカの軍備に追従して各種の艦艇をその何割かにもって行くだけのまことに月並みの計画で、……どんな戦は何で勝つのか、それが何程必要なのかと言ったような説明もなければ、計画も現れていない。……軍令部は、この案を引っ込めて、篤とご研究になったらよいと思います」と厳しく批判した。

その後、井上は一週間ほど費やして、「新軍備計画論」を書き上げ、一月三十日付で及川海相に提出した。

これはすなわち日本海軍の伝統的戦略思想である速戦即決主義、主力艦決戦主義を覆すものであり、航空兵力が整っていない日本海軍としては、井上の論に立つとすれば対米戦争など絶対に不可能と結論づけられるはずであった。

井上の「新軍備計画論」の結論は、これまでの日本海軍の戦略思想を批判して、つぎのような激烈な言葉で結ばれていた。

「軍備計画はまずもって帝国を不敗の地に置くことを考へ、次いで如何なる戦をなして勝つやを考へ、その方式に必要なる兵力を整備するものなるが、余をして言わしむれば、今日の軍令部当局の軍備計画は帝国不敗の地に置くに必要なる軍備を閑却し、一方将来戦において生起の公算なき決戦兵力の整備のみに頭を突っ込み、それにて空漠と勝てそうに考へおるのみなるが如し。しかもその決戦兵力の整備は、最近の米の大拡張に引き離されんとし、その比率（各艦種）の低下に周章狼狽の体にて、之が為、膨大なる軍備と資材を消費せんとす。その結果、焦眉の急とする絶対兵力の整備が妨げらるる情況なり」

井上の「新軍備計画論」は、主力艦の対米パリティ（量的対等）主義を覆し、航空機、潜水艦による立体的戦略を示したもので、実際の太平洋戦争の推移は、井上の洞察力の正しさを証明することになった。

（3）石川信吾と海軍第一委員会

ロンドン海軍軍縮条約が調印された翌年の昭和六年（一九三一）十二月、大谷隼人の名で『日本之危機』と題する一冊の本が、東京の森山書店から刊行された。この本の著者の「大谷隼人」とは、じつは当時、軍令部第二班第三課（昭和六年十月から軍備制限研究委員会、出師準備委員会員）だった石川信吾のペンネームであった。

この本の中で石川は、きわめて率直にワシントン、ロンドン両海軍軍縮条約を批判していた。

石川は蒙古をもって日本の生命線と捉え、日本の生存権を脅かすのが米国であると断じていた。そしてワシントン、ロンドン両軍縮条約は、米国の政戦略の同一線上にあるものとみなしていた。

また石川は、米海軍の対日戦略について、つぎのように述べていた。

①米国は対日攻勢の場合、日本近海に進出して作戦を行なう。

②商業第一主義の米国としては、戦争の長期化は絶対に避けなければならず、圧倒的に優勢な艦隊をもって進攻して速戦即決主義をとる。

日本海軍の伝統的戦略思想は、日露戦争の際、バルチック艦隊を対馬沖で撃破した艦隊決戦にあったから、この石川の見解は、これをはなはだ都合よく裏付けるものであった。

昭和十年（一九三五）十二月から翌年七月にかけて、石川は東南アジアを経由して欧米視察旅行に出かけた。この旅行によって石川は、南洋地域（とくに石油資源）の重要性を認識することになった。さらに石川は、勃興するドイツに強い印象を受けた。

石川は昭和十年、第二艦隊参謀をしていたが、内閣参議官のポストに任ぜられるという含みの下に、「一九三六年の危機」（ワシントン・ロンドン両海軍軍縮条約は、規定により一九三六年末をもって失効し、日本は国際連盟脱退につづいて軍備無条約時代に入ることになる）を前にして、国際情勢を探るべく欧米視察旅行に出ることになった。

当時、海軍において高まりつつあった南洋への期待の声を受けて、石川は欧州へ行く途中に、フィリピン、ジャワ、スマトラを回ることにした。この南方旅行において、石川の脳裏に刻み込まれたことが二つあった。

その一つは、蘭印の豊かな石油資源であり、もう一つは、蘭印とシンガポールでスパイ容疑を受けたことに対する不愉快さであった。このスパイ事件の不愉快さは、石川をして「ＡＢＣＤ包囲陣」の存在を強く感じさせることになった。

昭和十一年三月初頭、マルセイユに上陸した石川は、ただちにベルリンへ向かったが、その途中の三月七日、ドイツ軍のラインラント進駐事件と遭遇した。

ベルリンで石川は、大使館付海軍武官補佐官をしていた神重徳少佐（昭和十四年十一月から軍令部第一部第一課）から、「一九四〇年ごろ、ドイツは実力をもって立ち上がる」との観測を聞いた。

石川は、ドイツを中心にして欧州を視察したが、そこで印象付けられたことは、ドイツの覇気とイギリスの凋落ぶりであった。また東南アジアで受けた不愉快さに対して、ドイツ人の親切さが心に刻み込まれた。

帰国途上、石川は米国にも立ち寄ったが、不思議なことに将来戦うかもしれない米国には大した印象も受けず、気軽な観光気分で通過したのであった。

石川信吾

同年七月末、帰国した石川は、欧米視察旅行の所見を、永野修身海相以下、海軍首脳へ報告した。

日本海軍の政策担当の中心となるべく意気込んで帰国した石川だったが、この年に起こった二・二六事件の影響による粛軍、統制強化の中にあって、この報告は冷ややかに迎えられた。

石川の内閣参議官への転出は見送りとなり、八月、内閣臨時調査課長の元に預けられた後、その年の暮れの十一月、特務艦知床の艦長に左遷された。

元来、海軍は政治と一歩距離を置いていると言われてきた。しかし、昭和十年のヨーロッパ情勢の急転（イタリアのエチオピア侵略）、翌十一年の日本のロンドン海軍軍縮条約からの脱退という内外情勢の変化は、日本海軍を一人政治の圏外に置かせなかった。日本海軍としては、政策立案の中枢機関となるべき委員会を設置することにした。

「海軍第一委員会」の成果は、昭和十一年八月七日、「帝国として確立すべき根本国策は、外交国防相俟って東亜大陸における帝国の地歩を確保するとともに、南方海洋に進出するにあり」とする広田弘毅内閣の五相会議における「国策の基準」に結実することになった。

この「国策の基準」が、その後の日本の進路を（北守南進）を定めたことから、昭和十一年の「第一委員会」は重要な意味を持つことになった。日本は昭和十五年九月二十三日、北部仏印進駐を強行し、また二十七日には日独伊三国軍事同盟を締結した。日本海軍としても、風雲急を告げる新事態に対処しなければならなくなった。

海軍省軍務局第一課員（軍政担当）柴勝男中佐は、「新情勢に対処すべき海軍中央部改組案」（昭和十五年九月十九日付）を練った。結局この機構改革は、同年十一月十五日、兵備局を新設し、軍務局に第二課（国防政策）と第四課（軍事普及）を加えることによって終着した。

昭和十五年九月、病気療養となった吉田善吾に代わって、及川古志郎が海相に就任した。これにともなって海軍首脳部の人事異動が行なわれ、その結果、興亜院政務部第一課長をしていた石川信吾が新軍務局長の岡敬純の強い推薦によって、昭和十一年以来、およそ四年にわたる不遇状態から脱して、十一月一日、日本海軍中枢の軍務局第二課長に就任することになった。

「政治に疎い」と言われる海軍の中にあって、政界、陸軍、外務省など各界に広い人脈を持つ石川の存在は、非常に貴重であった。

日本海軍においては、「三国条約により転換せられたる国策に基づく海軍国防政策を活発に遂行するため……中枢機関として委員会が組織」されることになった。この委員会は、第一（主として政策）、第二（軍備）、第三（調査）、第四（情報）に分かれていた。

海軍政策作成の中枢機関としての「第一委員会」は、軍務局第一課長高田利種大佐（昭和五年十二月〜八年二月までドイツ駐在）、第二課長石川信吾大佐、軍令部作戦課長富岡定俊大佐（昭和五年七月〜七年六月までフランス駐在）、軍令部第一部長直属大野竹二大佐（大正十年七月〜十三年十一月までイギリス留学、昭和十四年三月〜九月まで興亜院調査官）、幹事として軍務局第二課柴勝男中佐（昭和十年四月〜十二年五月までドイツ駐在）、軍務局第二課藤井茂中佐（昭和九年五月〜十一年九月までアメリカ駐在）、軍令部第一部第一課小野田捨次郎中佐（昭和二年十二月〜四年十一月までフランス駐在）を構成メンバーとして組織された。

そしてこの第一委員会は、昭和十六年六月五日付で「現情勢下において帝国海軍の執るべき態度」と題する報告書を纏め上げた。

ところで、この報告書提出と同日の六月五日、大島大使より、独ソ開戦（六月二十二日）必至との電報が届けられ、これによって陸軍内にがぜん好機北進論が高まることになった。そこで石川は、陸軍の北進論に引き摺られることを懸念して、南進論をさらに強く主張することになった。

昭和十六年八月四日、近衛文麿首相秘書官の細川護貞は、海軍省調査課長の高木惣吉大佐に対して、「前田報道部長、石川課長、最も強硬なりと聞くが実情如何。……伝へられるところで対米戦を断行すべしとのことなるが、果たして然りや」と述べた。

六月五日付第一委員会報告書は、七月二日の「情勢の推移に伴ふ帝国国策要綱」に強く影響することになった。

「方針二、帝国は依然支那事変処理に邁進し、且自存自衛の基礎を確立する為、南方進出の歩を進め、また情勢の推移に応じ北方問題を解決す。要領二、帝国は本号目的達成の為、対英米戦を辞せず」

九月六日、御前会議において、「帝国国策遂行要領」が決定された。

石川は、「南部仏印進撃の場合、英米の全面禁輸を受けるものと予想していた。作戦上の理由から、この年の秋（十月、十一月）における開戦は必至と考えられていた。私は対米戦をやるならば、この年の秋だと早くから確信していた」と語った。

十月十九日、海軍の政治ブレーン的存在だった調査課長高木惣吉は岡軍務局長宛に、「海軍部内の結束に関する意見」と題して、主戦論者石川信吾大佐を第二課長から外して対米避戦をはかる秘策を具申したが、当時の海軍首脳はいずれも凡庸な人物であり、とうてい強力な統制など期待できなかった。

かくして十一月一日、大本営政府連絡会議は、「帝国国策要領」を採択したのだった。

22　山本五十六と真珠湾奇襲作戦

昭和十六年一月二十三日、連合艦隊司令長官の山本五十六は、第二艦隊司令長官の古賀峯一に対して、左記の書簡を送った。山本はこの書簡の中で、海軍人事の大転換（軍令部総長に米内光政、または吉田善吾、あるいは古賀峯一、連合艦隊司令長官に米内、あるいは古賀、嶋田繁太郎）をはかり、もって海軍内の対米主戦論を防ぎ止めようと考えた。

「昨年八月か九月、三国同盟余示の後、離京帰艦の際、非常に不安を感じ、及川氏に将来の見通し如何と問ひたるに、或は独の為火中の栗を拾ふ危険なしとせざるも、米国はなかなか起つ間敷大抵大丈夫と思ふとの事なりき。殿下（伏見宮軍令部総長）も亦かつて『かくなる上はやるところまでやるも止むを得まじ』との意味の事を申されし様記憶し、之ではとても危険なりと感じ、この上は一日も早く米内氏を起用の外なしと感じ、それには先ず艦隊長官に起用の順序を捷径と考へ、其の時及川氏にあえて進言せし次第也。……小生また次官室にて昨年十一月初頭（十月末）頃、丁度今次泰仏印問題と同じ事を石川（信吾）が次官に進言し居るを聞き、直ちに大臣にあれでよいかと注意した。どうも次官（豊田貞次郎）は策動が過ぎるから早目に代えた方がよからんと思ふが（豪州公使はどうかねとの事なりき）同時に軍令部ももっとしっかりする要あり。強化策として一部長に福留繁（連合艦隊参謀長）を呉れぬかとの事なりき。依って小生より、三国同盟締結以前と違い今日においては参戦の危険を確実に防止するには、余程の決心を要す。一の部長交代位で又次官更迭位では不徹底と思考す」

　さらに山本は、連合艦隊参謀長福留繁の中央転出について相談にやってきた中原義正人事局長に対して、「大臣は参戦すべからずという確固たる意見を持ち、之を実現する為、省部を固むとする意図あるや、或は現陣営にては何となく物足らぬからとの漫然たる意向に依るものなるや、この点局長に何か伝言ありや如何」と質した。

　これに対して中原は、「国際情勢については種々ご心配の様なるも、如何なる程度まで堅きご決心なるや別に伝言はなかりき」と返答すると、山本は及川海相に対してつぎのように伝言するように依頼した。

「対米関係から今日の如くなるのは、昨秋より分かりきったることとなり。しかしその後真剣なる軍備計画、並びに之が実行上物動方面と照らし合わせば、この際海軍は踏み止るを要す。……しかし大勢は早や too late にして結局行くところまで行く公算大なりと言ふ如き事なれば、連合艦隊長官としては最も信頼する長官参謀長等は、現在のままにて極力実力の向上を図り、一戦の覚悟を固めざるべからず」

山本としては、日独伊三国軍事同盟に反対し対米避戦を主張してきたものの、もし日米間で開戦のやむなきに至った場合には、劈頭ハワイにある米太平洋艦隊を叩き、機を窺って和平へ持って行きたいと考えていた。

それでは山本は、いつごろからハワイ奇襲作戦を着想したのであろうか。

連合艦隊参謀長の福留繁によれば、昭和十五年春の艦隊訓練において航空戦訓練が着々と成果を収め、とくに航空魚雷が目覚ましい成果を上げた際、山本が、「ハワイへ航空攻撃はできないものだろうか」と洩らしたのが、最初だとしている。

日本本土から約三千三百海里の地点にあるハワイを奇襲する作戦を構想した心境について、山本は、昭和十六年十月二十四日付の嶋田繁太郎海相に宛てた書簡の中で、つぎのように述べた。

「敵将キンメルの性格および最近米海軍の思想を観察するに、彼必ずしも漸進正攻法のみによるものとは思われず。而して我南方作戦中の皇国本位の防御力を顧念すれば、真に寒心に堪えずもの之あり、幸に南方作戦比較的有利に発展しつつありとも、万一、敵機東京大阪を急襲し、一朝にしてこの両都府を焼尽せるが如き場合には、もちろん左程の損害なしとするも、国論『衆愚』は、果たして海軍に対し何と言ふべきかに日露戦争を回想すれば、想半ばに過ぐものありと存じ候。

聴くところによれば、軍令部一部等においては、この劈頭の航空作戦の如きは、結局一支作戦に過ぎず、且成否半々の大賭博にして、之に航空作戦の如きはもってのほかなりとの意見を有する由なるも、そもそも此支那作戦四年疲労の余を受けて、米英支同時作戦に加ふるに対露を考慮に入れ、欧独作戦の数倍の地域に亘り、持久戦をもって自立自愛十数年の久しきにも堪へむと企図する所に非常に無理ある次第にて、之をも押し切り敢行、否大勢に押されて立ち上がらざるを得ずとすれば、艦隊担当者としては、到底尋常一様の作戦にて見込み立たず。結局桶狭間とひよどり越と川中島とを併せて行ふの已むを得ざる羽目に追い込まるる次第に御座候。……尚大局より考慮すれば、日米衝突は避けられるものなれば之を避け、この際隠忍自戒、臥薪嘗胆すべきは勿論なるも、それには非常の勇気と力を要し、今日の事態まで追い込まれたる日本が、果たして左様に転機し得べきか申すも良きことながら、唯、残されたるは尊き聖断の一途のみと恐懼する次第に御座候」

山本は、敵艦隊が日本近海に至るまで漸減作戦によってその戦力を削ぎ、日露戦争時の日本海海戦の如き艦隊決戦によって一挙に勝負をつけようとする日本海軍の伝統的対米作戦に強い疑問を抱いていた。

山本は昭和十六年一月七日付の及川海相への書簡の中で、ハワイ奇襲作戦について、つぎのように述べていた。

「作為戦方針に関する従来の研究は、これまた正々堂々たる邀撃大作戦を対象とするものなり。而して屢次図演等の示す結果を観るに帝国海軍は未だ一回の大勝を得たることなく、此の儘推移すれば、恐らくジリ貧に陥るにあらずやと懸念せらるる情勢にて演習中止となるを恒例とせり。事前戦否の決を採らんが為の資料としてはいざ知らず、いやしくも一旦開戦と決したる以上、此の如き経過は断じて之を避けざるべからず。日米戦争において我の第一に遂行せざるべからざる要領は、劈頭敵主力艦隊を猛撃破して米国海軍および国民をして救ふべからざる程度にその士気を阻喪せしむること是なり」

山本は、昭和十六年一月下旬、鹿屋に司令部を置く第十一航空艦隊参謀長の大西瀧治郎少将に対して、ハワイ奇襲作戦の具体的研究を密かに依頼した。

二月はじめ、大西は第一航空戦隊参謀源田実を呼び、山本長官の手紙を提示した。それには、つぎのように認められていた。

「国際情勢の推移によっては、あるいは日米開戦のやむなきに至るかもしれない。日米が干戈をとって相戦う場合、我が方としては何か思い切った戦法をとらなければ、勝ちを制することはできない。それには開戦劈頭、ハワイ方面にある米国艦隊に対し、わが第一、第二航空戦隊飛行機隊の全力をもって、痛撃をあたえ、当分の間、米国艦隊の西太平洋進攻を不可能ならしむるを要す。目標は米国艦隊群であり、攻撃は雷撃隊による片道攻撃とする」

これを受けて源田が練った当初のプランによれば、攻撃の成果の徹底をはかるために片道攻撃ではなく往復攻撃とした。当時、水平爆撃の命中精度は不十分であり、浅深度魚雷（真珠湾の水深はわずか十二メートル）の開発も早急には解決をみない状況だったことから、艦上爆撃機による急降下爆撃を用いることにし、攻撃の主目標を航空母艦、副目標を戦艦とした。

参加兵力は、第一、第二航空戦隊とし、出発基地としては、一応、父島か厚岸を考えた。そしてこれらの航空部隊は、密かにハワイ二百海里（三百七十キロ）まで接近し、そこから攻撃隊を発進させることにした。

奇襲において最も重要なのは機密の保持であり、これについては源田としても自信はなかったが、途中、商船などに出会う可能性の少ない北方航路をとることにした。

大西は、源田の原案を叩き台にして、四月初旬、山本長官にハワイ奇襲作戦案を提出した。

連合艦隊は、九月十一日から二十日まで、日米開戦を主題にして図上演習を実施した。図上演習は毎年の恒例であったが、昭和十六年九月十六日、「ハワイ作戦特別図上演習」の特別研究会が開催された。

参加者は、連合艦隊と第一航空艦隊の各司令官、参謀長、首席参謀、そして軍令部からは、第一部長、第一課長、および同部員などであった。室内の入口には歩哨が立ち、立入りする者を厳しく制限し、機密が外に洩れないよう細心の注意が払われた。

この特別図演の作戦要領には、「開戦を一月十六日と予定し、北方航路から真珠湾に近接し、米主力艦隊に対し、奇襲をもって攻撃を決行する。途中ミッドウェー攻撃隊を分離して引き上げ、航路掩護のため同島を攻撃する」と記されていた。

特別図上演習は、参加者約三十名が、青軍（日本）、赤軍（米国）の二手に別れて行なわれた。その結果、青軍は赤軍に対し、主力艦四隻撃沈、一隻大破、空母二隻撃破、一隻大破、飛行機撃墜百八十機、他に巡洋艦六隻を撃沈破の打撃をあたえたものの、青軍側も、第一日にして、空母二隻撃沈、二隻小破、飛行機百二十七機程度の損害を出すものと予想された。

しかし、この日の特別図演では、ハワイ作戦が最終的に結論づけられたわけでなく、引き続き検討されることになった。

福留第一部長が、この図演の模様を永野軍令部総長に報告したところ、永野は「非常にきわどいやり方だね」と述べ、にわかには賛成しかねる態度を示した。

連合艦隊司令部は、十月九日から十三日まで室積沖に停泊中の旗艦長門に各指揮官を集めて図上演習をした。十二日にはとくにハワイ作戦の図演をした。

この研究会において山本長官は、「異論もあろうが、私が長官であるかぎり、ハワイ奇襲作戦はかならずやる」と明言した。

山本の強硬な態度に押されて軍令部は鳩首会談をした結果、永野軍令部総長の「山本にそれほど自信があるならやらせようではないか」との一言で、空母六隻の使用を認めることにした。歴史の皮肉と言うべきか、日米戦争に終始反対しつづけた山本は、今まさに真珠湾攻撃の遂行者になった。

山本は、十月十一日付で、親友の堀悌吉宛書簡の中で、つぎのように自分の運命の皮肉さを嘆いた。

「二、大勢は既に最悪の場合に陥りたりと認む。山梨（勝之進）さんではないが、之が天命なりとは情けなき次第なるも、今更誰が善い悪いのと言った処で始まらぬ話也。

独使至尊憂社稷の現状に於いては最後の聖断のみ残されて居るも、それにしても今後の国内は難かしかるべし。

三、個人としての意見と正確に正反対の決意を固め、その方向に一途邁進の外なき現在の立場は、誠に変なもの也。之も命といふものか」

すでに九月六日、御前会議において「帝国国策遂行要領」が採択され、「十月下旬を目途とし、戦争準備を完整す」「十一月上旬に至るも尚我要求を貫徹し得る目途なき場合においては、直ちに対米（英蘭）開戦を決意す」旨が決定されていた。

十月十八日、近衛内閣に代わり、東条内閣が成立した。その東条内閣の下、十月十八日から十一月一日にかけて連日のように大本営政府連絡会議が開催され、国策の再検討が行なわれた。

その結果、十一月一日深夜（二日午前一時半）、最後まで日米交渉は続行するが、交渉打開が困難であれば、「武力発動の時機を十二月初頭と定め、陸海軍は作戦準備を完整す」事を決定した。ここに日米開戦に向けての具体的準備が進められることになった。

23　悲劇の提督・山本五十六

(1) 山本五十六の生い立ち

昭和十八年六月五日、元帥に列せられた山本五十六（明治十七年〈一八八四〉四月四日～昭和十八年〈一九四三〉四月十八日）の国葬が東京で行なわれ、それから二日後の六月七日、遺骨が郷里長岡に帰った。長岡市の東部に位置する悠久山堅正寺の橋本禅巌禅師は、山本を評して、「長岡人の典型のような男だが、長岡藩が三百年かかって最後に作り出した人間である」と語った。

山本は雪深き越後盆地に旧長岡藩の子息として生まれ、戊辰の役で辛酸を舐めた長岡藩の悲劇的運命を、子供の時から強烈に意識して育った。

作家の里見弴は山本という男を、「肩肘張って威張りこそしないけれど、芯の据わった頼りになる男で、女なんぞいくらでも出来放題だし、頼まれれば、全海軍力だろうと、軽く背負って立つまではいいとして、目端が利くから、十三階段でひょろつくようなへまはやらず、誰も頼みもしないのに、いきなり青空高くぱっと散ってしまふ桜の気性」として、短編『いろおとこ』の中に描いている。

山本五十六の実父の高野貞吉（さだよし）は、安政年間から明治四十四年まで、丁寧に日記を付けていたが、明治十七年（一八八四）四月四日の欄、すなわち五十六が誕生した当日のことを、つぎのように記している。

「明治十七年四月四日、晴れ、甚五郎来り、殺生約束。又小原隠居来り囲む。二戦目中、妻産気づき、両人共退散。産婆迎に参る。正午出産。男子なり」

ここに出てくる甚五郎とは高野家に出入りしていた貞吉の釣り仲間、囲碁相手の小原翁とは長岡裁判所の小原直（のち内務、司法、厚生相などを歴任）の父で会津藩出身のご隠居のことであった。

甚五郎、小原の両人が早々に退散すると、貞吉は産婆を迎えにやり、やがて産声高く男子が誕生した。

貞吉が五十六歳の時の子供だったので、「五十六（いそろく）」と命名した。

高野家は代々家禄百二十石の長岡藩の儒官で、兼ねて槍術師範役でもあった。祖父秀右衛門は、戊辰戦争の長岡城攻防戦の際、長岡全町が炎上しているにもかかわらず、夫人とともに邸内に留まり、伝家の火縄銃六梃を交互に使用して、数十名を倒し、壮烈なる戦死を遂げた。

当時、遠方に出陣中だった貞吉は、戦後、秀右衛門の遺骸を手厚く葬りたいと百方手を尽くして探したが、ついに見つけることができなかった。このため秀右衛門が遺していった歯を、長福寺に葬った。

貞吉は長岡藩の長谷川家から、高野家の長女のところに養子となって入り、譲、登、大三、惣吉の四男子をもうけた。しかし夫人が死亡したため、その妹の峯子と改めて結婚し、かず、李八、五十六を生んだ。

山本五十六

六歳になった五十六は、長岡の町に伝わる奉納神楽の稚児の舞を観て大いに喜んだ。

五十六は米国駐在の際、パーティーで何か余興をやらなければならないような場合には、食堂から大皿を借りてきて、曲芸師顔負けに上下左右に回した。観客からやんやの喝采を浴びると五十六は、「私の皿回しは昨日今日の仕入れものではなく、四歳の時からの仕込みだ」と得意げに語った。

米内光政は、五十六を一言で言えば、「茶目ですな」と評したが、五十六の茶目は都会人の軽いウェットではなく、気心を許した友人にだけドーンとさらけ出す、少し鈍重な稚気だった。

五十六と同郷の歴史家・半藤一利氏は、「山本と言う軍人には、越後人特有の孤高を楽しむ風があった。口が重く、説明や説得を嫌った。結論しか言わない。わからぬ者に己の内心を語りたがらず、ついてくる者のみ好む傾きがある。偏愛である。わからん奴には説明してもわからんと、木で鼻をくくったような横着なところがあった。そして正統を好むよりも、己の信念のもとにいつでも異端になれる思考の持ち主だった。ある意味では陰鬱であり、その言葉には相手を傷つける毒があった。情の人でありながら、悪く言えば偏狭我執、人見知りする面が強かった」と、けだし鋭い指摘である。

五十六が生まれ育った長岡は、四周を山で囲まれた盆地であり、したがって海軍とはあまり縁のない土地柄であるが、それにもかかわらず五十六が海軍を志望したのは、義理の伯父の野村貞（ただし）海軍少将（父貞吉の妹の夫）の存在があった。

この野村は元長岡藩士であり、若いころ江戸の江川塾や川勝塾で砲術を学び、戊辰戦争では長岡藩の野砲隊長として奮戦した。戦後、野村は焦土の長岡から再び東京に出て、近藤真琴の塾に入り、航海術、測量塾、数学などを学んだ。

明治四年、野村は海軍中尉に任ぜられたが、豪胆な性格でいろいろな逸話を残した。明治二十七年三月、従来のハワイ王国が倒れるという政治革命が起こった際、日本政府は邦人居留民保護のため浪速（東郷平八郎艦長）と、次いで高千穂の二艦をハワイに派遣したが、この高千穂の艦長をつとめていたのが野村だった。

このとき野村は、「アメリカは、将来かならずハワイを併合し、ここに軍港を建設し、太平洋の重要基地にするであろう。将来に備え、よくこの地を精査して置くべし」と語った。

それから四十七年後の昭和十六年十二月八日、五十六は連合艦隊司令長官として、ハワイ作戦の総指揮をとることになる。

明治二十九年（一八九六）三月、五十六は阪之上小学校を成績優等で卒業し、四月に長岡社貸費生となって、長岡中学校に入学した。長岡社というのは、明治八年の創立で、長岡の有為な青少年に学問をさせて天下有用な人材を輩出するための育英団体だった。

年、五十六はこの長岡社から、月一回、年額十二円、五年で六十円の援助を受けた。後年、五十六は長岡社から受けた恩を徳とし、これが報恩のためあらゆる努力を惜しまなかった。

昭和十四年八月末、五十六は連合艦隊司令長官に就任後、訪ねてきた郷里の友人の反町栄一に対して、「旧長岡藩から、長岡中学校から、長岡社から、大日本の連合艦隊司令長官が出たことを、君は胸に置いてくれるだろうね」と感慨を込めて語った。

明治三十四年三月、五十六は長岡中学校を卒業した。同年七月、海軍兵学校を受験し、三百人中二番の成績で合格した。

十二月、五十六は憧れの海軍兵学校に第三十二期生として入校した。同級生には、塩沢幸一（一番）、嶋田繁太郎（五十番）、吉田善吾（四十五番。以上後に大将）、堀悌吉（後に中将）らがいた。

入学の際、教官から「お前の信念は」と聞かれた五十六は、「痩せ我慢」と答えた。三年間、江田島生活を通して五十六が最も喜びとしたことは、終生の友となる堀悌吉を知ったことであった。

昭和九年、ロンドン軍縮会議予備交渉に全権の五十六の顧問として同行した海軍省書記官の榎本重治は、「長岡のがむしゃらな田舎の武士を、あそこまで飼いならし、洗練させたのは、結局堀の力だった」と語った。

(2) 日本海海戦に参加

明治三十七年(一九〇四)十一月十四日、海軍兵学校を優等の七番の成績をもって卒業した五十六は、海軍少尉候補生に補され、ただちに練習船韓崎丸に乗艦した。ちなみに第三十二期生の首席は堀悌吉、次席は塩沢幸一だった。

この年の二月六日、日本とロシアの国交は断絶し、二月十日、宣戦布告が発せられた。

翌三十八年一月三日、五十六は装甲巡洋艦日進(七千七百トン)乗り組みが命ぜられた。

五月二十七日、日本海海戦において五十六は左手の人差し指と中指を失い、右下腿部の肉が吹き飛ばされるほどの重傷を負った。日進の乗組員七百余名中、死傷者は九十五名に達した。

五十六は約四ヵ月の入院中に少尉に任官した。明治四十年八月、五十六は海軍砲術学校普通科に入学し、九月、海軍中尉に昇進した。

明治四十二年十月、五十六は海軍大尉で練習艦宗谷乗り組みとなり、分隊長として井上成美ら第三十七期の少尉候補生の指導に当たった。艦長は鈴木貫太郎（後に海軍大将、太平洋戦争終戦時の首相）だった。

明治四十四年十二月、砲術学校教官になった五十六（大尉）は、後年の海軍大臣で同僚の教官の米内光政大尉と心を許す間柄になった。

横須賀時代には親友の堀と下宿をともにし、また海軍大学校時代には古賀（峯一）大尉と二人で築地の敬覚寺に下宿したが、これらの交友関係は日本海軍にとっても日本の運命にとっても少なからぬ関連性を持つことになった。

大正二年（一九一三）二月、五十六が佐世保鎮守府予備艦隊参謀をつとめている時、父貞吉が享年八十四歳で亡くなり、その半年後には母の峯子も七十一歳で逝去した。

大正三年十二月、五十六は海軍大学校学生となり、翌四年十二月、少佐に進級した。

大正五年五月十九日、高野五十六は旧長岡藩主牧野忠篤子爵の懇請で、長岡藩第一の名家で代々家老職をつとめてきた山本帯刀家を相続することになった。この五月十九日は、長岡城が落城した日だった。

大正五年十二月、海大を卒業した山本は第二艦隊参謀となったが、間もなくチフスに罹（かか）り、その予後に、今度は盲腸炎を起こしたりして六ヵ月ばかり入院や転地療養に費やした。翌年、全快した山本は軍務局員に補されたが、そこでの担当が通信・教育であったことが、山本をして航空に着目させることになった。

大正七年八月、山本が三十五歳の時、旧会津藩士三橋康守の三女礼子と結婚した。

(3) 駐米時代

大正八年四月、山本は米国駐在を命ぜられ、ボストンに滞在してハーバード大学に通った。

当時、日本は「八八艦隊」の完成の途上にあって、海軍の志気は大いに上がっていた。しかしながら、この大艦隊を動かす原動力である石油については、ほとんど注目する者がいなかった。これに逸早く着目したのが、山本だった。

大正十年五月、山本に帰朝命令が下り、七月に横浜港に到着した。そして、ただちに北上の副長に補された。その年の十二月一日付をもって山本は、海軍大学校教官に任ぜられた。山本の担当科目は、軍政学（戦略論）だった。航空機が必勝の軍備であるという考えは、山本の口よりはじめて講義された。

大正十二年七月、山本はワシントン軍縮会議後の欧米事情視察のため、井出謙治軍事参事官（少将、後に大将）の副官として渡航した。この年十二月一日、山本は海軍大佐に昇進した。

大正十三年六月、特務艦富士の艦長をつとめた後、十二月一日、山本は霞ヶ浦航空隊副長兼教頭に任命された。この人事は、航空機に着目した山本のたっての希望によるものだった。

大正十四年（一九二五）十二月一日付で、山本は米国駐在武官に任命された。四十一歳の時だった。

昭和二年十一月十五日付で山本に帰朝命令が出され、翌三年五日、二年半ぶりに帰国した。

昭和三年八月二十日付で山本は軽巡洋艦五十鈴の艦長に補され、さらにその年の十二月十日付で航空母艦赤城の艦長を命ぜられた。

昭和四年十一月十二日、山本は補助艦に関するロンドン海軍軍縮会議の全権委員随員に任命された。

日本全権団の構成は、全権に民政党の長老である若槻礼次郎、時の海相財部彪、駐英大使松平恒雄、駐白（ベルギー）大使永井松三とし、顧問として安保清種大将、首席随員に左近司政三中将、その下の随員に山本が仰せ付けられた。海軍随員はその他に豊田貞次郎大佐、中村亀三郎大佐、野村直邦大佐、山口多聞中佐、陸軍代表随員として前田利為大佐、木村兵太郎中佐、内閣より川崎卓吉法制局長官、外務省より佐藤尚武、斎藤博、加藤外松、大蔵省代表として津嶋寿一、賀屋興宣が選任された。

海軍評論家として名高かった伊藤正徳は、日本海軍発展史上、最大の悲劇は、昭和五年に成立したロンドン海軍軍縮条約問題だったとしている。その理由として伊藤は、①日本海軍が分裂したこと、②軍令部の統帥権干犯の主張が政争と結びついたこと、③五・一五事件と結びついたこと、④対英米戦の遠因になったこと、などを上げている。

山本は全権団一行とともに、昭和五年六月、北野丸で神戸港に到着した。帰国して山本が見たものは、海大時代の尊敬する教官だった山梨勝之進次官（中将）や、親友の堀悌吉軍務局長らが、気性の激しい加藤寛治軍令部長（大将）や末次信正次長に攻撃される有様だった。

山本は、病と称して鎌倉の自宅に引きこもり、一切の来客を断って蟄居した。このため世間では、山本は海軍から退くのではないかと噂した。

(4) 航空本部技術部長

山本は、昭和五年九月一日付で、海軍省出仕航空本部出仕を命ぜられ、同年十二月一日、海軍航空本部技術部長に任命された。

第五十九議会では、ロンドン海軍条約問題をめぐって与党民政党と野党政友会が激突し、これに統帥権問題が絡んで泥沼化した。さらにまた条約の批准をめぐって、枢密院対政府の衝突となった。一方、海軍部内では、大臣、部長、次官、次長ら首脳部が一斉に更迭されるという空前の事態になった。

この騒ぎを他所に深く思索を練った山本は、今後の海軍のあり方に一つの活路を見出していた。それは、「海軍の空軍化」であった。

海軍軍縮条約は、日本が英米の十分の六に制限される側面と、英米を日本の六分の十に制限する側面とがある。当時の英米日の三国の国力を冷静に比較すれば、日本にとってこれは決して不利とはいえず、むしろ有利とさえいえた。

また、海軍の主力を艦船から航空機に転換することによって劣勢比率を跳ね返すことができる。ここに山本の思いがあった。

山本は、山梨次官の努力によって保障された政府了解の覚書にある航空兵力の整備、実験、研究機関の奨励、および充実のために、渾身の手腕を振るうことになった。

そのころの日本の飛行機の性能は、海上作戦における捜索、偵察用としてはその価値を認められていたが、主要兵器となるとは誰も予想していなかった。山本はそれができるとよんだ。そのためには航空技術陣の大刷新を行ない、航空関係の民間会社を覚醒する必要があった。

　山本は、従来の幼稚な木製飛行機から全金属性の高性能機の製造を、強力に推進した。また外国の新鋭機には、特許料を惜しまずに払って、長所を学ぶように努めた。

　昭和六年に基地航空隊十四隊の新設予算が成立し、翌七年には航空機の実験研究の総合機関として航空廠が新設された。後年、勇名をはせた中型陸上戦闘機や零式艦上戦闘機は、いずれも当時の苦心の結晶であった。

　昭和八年十月三日、山本は第一航空戦隊司令官に任ぜられた。旗艦は赤城である。当時の連合艦隊司令長官は末次信正大将、第二艦隊司令長官は高橋三吉中将だった。

　末次の戦術は、来航する米国艦隊に対して、戦艦を主力とし、飛行機、潜水艦をその補助戦力として邀撃せんとするものであり、基本的には日本海軍の伝統的戦術から離れるものではなかった。ところが山本はこの末次戦術を批判して、戦艦を中心とした観艦式のごとき海上決戦は、今後起こらないと主張した。

(5) ロンドン軍縮予備交渉

　ロンドン軍縮条約の有効期限は五ヵ年間であったが、ちょうどワシントン海軍軍縮条約と相前後して効力を失う関係上、期限満了の一年前に予備交渉を行なったうえ、第二次ロンドン会議が招集されることになっていた。

先のロンドン会議では、統帥権干犯問題を引き起こし、海軍部内では条約派が艦隊派の強硬論に圧倒されるようになった。したがって軍縮に対する考え方は、脱退覚悟のうえで「共通細大限度」を主張すべしということになった。これは、それまでは艦種別に比率を定めトン数を定める方式であったのに、今度は各国が共通の総括量トン数を定めようとするもので、まったく飛躍したものだった。

これを天皇は、非現実な理想論と感じていた。また大角岑生や伏見宮博恭軍令部総長にしても、この案を英米側が受け入れるとは考えていなかった。海軍がこの方針を決定した昭和九年六月から日本海軍は、実質的に軍縮無条約時代へ突入した。

昭和九年九月二十日、山本は日枝丸で横浜港を出航して、米国経由でロンドンへ向かった。山本が五十歳の時だった。

渡米の船中、親友堀に宛てた手紙には、「明日米国に上陸する。出発の際は電報多謝。東京駅や横浜港では、何とか同盟とか、連合会とかの、とても落ち着かぬ連中が決議文とか宣言書とかを読んで、行を壮にしたのは不愉快であった。あんなのが憂国の志士とは、誠に危ない心細い次第だ」

山本は十一月十五日、現地で中将に進級した。元来、軍縮賛成者であった山本は、予備交渉代表の白羽の矢が当たった時、何とかこの任務から逃れようとしたが無駄に終わった。

山本は出発の時から、堀の運命を心配していた。ある日、ロンドンのホテルでの朝食の時、法律顧問として随員に加わった海軍省書記官の榎本重治が山本に、「昨夜、堀さんの夢を見た」と言った。すると山本は顔色を変えて、「堀がやられたな」と叫んだ。山本が直感したとおり、堀は十二月十五日に予備役となった。

昭和十年二月十二日、山本はシベリア鉄道経由で帰国した。日本政府は、前年末、ワシントン海軍条約の破棄を米国側に通告した。

(6) 海軍航空本部長から海軍次官へ

昭和十年十二月二日付で、山本は海軍航空本部長に補された。「一九三六年の危機」が叫ばれている中、艦隊航空の訓練も白熱化してきた。ガソリンや消耗兵器のごときは、一年分を前半期だけで使い尽くすという状態だった。訓練の重点を艦隊に置けば、内地の教育部隊は計画の四分の一の飛行訓練もできないというような窮屈な予算であったが、航空本部長として山本は、いろいろやりくりしてこの苦境を切り抜けていった。

ある日、山本は、艦政本部の福田啓二に対して、「どうも水を差すようですまんがね。君たちは一生懸命やっているが、いずれ近いうちに失職するぜ。これからは海軍も航空が大事で、大艦巨砲は要らなくなると思うよ」と語った。

昭和十一年（一九三六）十二月一日、山本は海軍次官に就任した。二・二六事件によって岡田（啓介、海軍大将）内閣が倒れ、代わって広田（弘毅）内閣が出現した。海相に就任した永野修身大将は、長谷川次官の後任に航空本部長の山本を望んだが、山本は言下この要請を断った。

「昨年、私が軍縮全権を拝命して随員を頼んだ時も、君は断った。今度、次官になってくれと言うとまた断る。一体君は、そんなにこの私が嫌いなのか」

永野海相からこのように言われては、海軍の伝統として、これ以上固辞するわけにはいかなかった。

昭和十一年十二月一日、山本は五十二歳にして海軍次官に就任した。昭和十二年一月、寺内寿一陸相と浜田国松代議士によるいわゆる「腹切り問答」事件が発生し広田内閣が瓦解したため、林銑十郎陸軍大将に組閣の大命が下った。海軍大臣には米内光政が就任した。米内海相実現の裏には、山本の強力な推薦があった。

米内海相、山本次官、井上軍務局長（昭和十二年十二月に就任）のトリオの時代は、林、近衛、平沼の三内閣にまたがり、二年七ヵ月にわたった。

高木惣吉海軍調査課長（昭和十一年十二月、海軍省臨時調査課員。十二年十月、同課長就任）は、海軍次官としての山本をつぎのように回想している。

「海軍次官室と言えば、赤レンガ建築の中庭に面して、狭くて誠に不景気な一室であった。間には扉も衝立もない隣が副官室になっていて、後任副官と次官の椅子は、五、六歩しか隔てていなかった。山本次官はそこでよく立ったまま、山なす書類にポンポン景気良く判を捺して、書類籠に未決裁のものが停滞しているのをあまり見かけたことがなかった。

部屋の中央には来客用の大きな角卓があって、濃い緑地に唐草模様の廃艦のものでも流用したものらしい卓子掛け、その上には安物の煙草容れと灰落としが並んでいた。在任期間中は、三国同盟その他で難問題が続出した関係もあったが、歴代次官の中でも来客は随分多いほうであった。ところがいつも誰が訪ねてみても、一糸乱れぬくらい整頓した部屋に悠々と構えて、快く訪問者の言葉に傾聴する余裕を示していた」

高木の回想をつづけよう。

「山本次官時代には、午後の退庁時刻前に、よく海軍省詰めの記者連が次官室につめかけて、五十六談義を聞いたものであった。お座なりの言えなかった人だけに、随分軍事以外の時事問題などについては、思い切り大胆、率直な話をしたものである。『三国同盟問題では、海軍はこれ以上一歩も譲歩できん。いずれそのうち政変だろうから、君らは天幕でも張って待っていた方がいいぞ。一体、総理（平沼）と陸相（板垣）は怪しからん。前に五相会議で決まって内奏も済んだ方針を、勝手に変えるなどとはなにごとだ』と言って、当時の陸軍の一部を震撼させたのは、五月九日夜のことであった」

昭和十八年四月、山本が戦死した時、次官室の金庫の中から、つぎの遺書が現れた。

「述志　一死君国に報ずるは素より武人の本懐のみ、豈(あに)戦場と銃後とを問はむや。勇戦奮闘戦場の華と散らむは易し、誰か至誠一貫、俗論を排し斃れて已むの難きを知らむ。高なる哉君恩、悠久なるかな皇国。思はざるべからず君国百年の計。一身の栄辱生死、豈論ずるの閑あらむや。語に曰く、丹可磨而不可奪其色、蘭可燔而不可滅其香と。此身滅すべし。此志奪ふ可からず。　昭和十四年五月三十一日　於海軍次官官舎　山本五十六華押」

昭和十四年四月十二日、山本は母校長岡中学校で全校生徒に講演した。

「私の考えでは、今日本の上から下まで、全国の老人から子供まで、余りに緊張し伸びきってしまって、それでよいかと言うことを考えると、はなはだ疑問であります。

ゴムを一杯に引っ張り伸びきってしまったら、再びゴムの用を成しません。国家としても緊張するのは大切だが、その反面には弾力性を持つ余裕がなければならぬ、と私は考えているのであります」。この講演は、リベラリスト山本の基本的考え方を示すものであった。

(7) 開戦に際してのジレンマ

昭和十六年十月十八日、東条（英機）内閣が成立した。山本は十月二十四日、この東条内閣の下で海相に就任した山本と同期（三十二期）の嶋田繁太郎宛に、詳しく作戦の前途を考え、最後まで米英両国との衝突を避けるように念願した、つぎの書簡を送った。

「さて此の度は容易ならざる政変の後を引き受けられ御辛苦の程深察に堪えず。専心艦隊に従事しえる小生こそ勿体なき次第と感謝致居候。然る所昨年来しばしば図上演習並びに兵棋演習等を演練せるに、要するに南方作戦が如何に順当に行きても、無理に完了せる時期には甲巡以下小艦艇には相当の損害を見、殊に航空機に至りては毎日三分の二を消費し（あと三分の一も完全のものは殆んど残らざる実況を呈すべし）、所謂海軍兵力が伸びきる有様と相成る恐れ多分にあり、しかも航空兵力の補充能力ははなはだしく貧弱なる現状においては、続いてくるべき海上本作戦に即応すること至難なりと認めざるを得ざるをもって、種々考慮研究の上、結局開戦劈頭有力なる航空兵力をもって敵本営に切り込み、彼をして物心共に当分起ち難き迄痛撃を加ふるの外なしと考ふるに立ち至り候次第に御座候。

米将キンメルの性格及び最近米海軍の思想と観察より、彼必ずしも漸進正攻法のみによるものとは思われず、而して我南方作戦中皇国本土の防衛実力を顧念すれば、真に寒心に堪えずものこれ有り、幸に南方作戦比較的有利に発展しつつありとも、万一敵機東京大阪を急襲し、一朝にして此の両都府を焼き尽くせるが如き場合は勿論、さほどの損害なしとするも国論（衆愚）は果たして海軍に対して何と言ふべきか、日露戦争を回想すれば想半場に過ぐるものありと存じ候。

聴く処によれば軍令部一部（作戦）等においては、此の劈頭の航空作戦の如きは結局一支作戦に過ぎず、且成否半々の大賭博にして、之に航空兵力を傾注するが如きはもってのほかなりとの意見を有する由なるも、抑も此の中国作戦四年、疲弊の余を受けて米英華同時作戦に加ふるに、対蘇をも考慮に入れ、欧独作戦の数倍の地域に亘り、持久作戦を以って自立自衛十数年の久しきにも堪へむとする所に非常の無理ある次第にて、此れをも押切り敢行、否大勢に押されて立ち上がらざるを得ずとすれば、艦隊担当者としては到底尋常一様の作戦にては見込み立たず、結局、桶狭間とひよどり越と川中島とを併せ行ふの已むを得ざる羽目に追い込まれる次第に御座候。……尚大局より考慮すれば日米衝突は避けらるるものなれば此れを避け、この際隠忍自戒、臥薪嘗胆すべきは勿論なるも、それには非常の勇気と力を要し、今日の事態にまで追い込まれたる日本が、果たして左様に転機し得べきか、申すも畏れ多き事ながら、ただ残されたるは尊き聖断の一途のみと恐懼する次第に御座候」

「桶狭間とひよどり越と川中島」と書かざるを得なかったところに、対米不戦の信念と軍人としての職責のジレンマに喘ぐ山本の苦悩が表れていた。

昭和十六年十一月二十六日、米国側からいわゆるハル・ノートが送られてきた。日本側はこれをもって最後通牒と判断し、ここに一年にもわたった日米交渉はついに決裂することになった。

かくして十二月一日、宮中において御前会議が開催され、ついに対米英蘭開戦を正式に決定した。

この日、山本は海軍大臣の招請によって、極秘のうちに岩国から列車で東京へ向かった。

十二月三日、山本は宮中に召され、天皇に拝謁した。

その前後の十二月二日、山本は密かに堀と会った。

山本の顔は憂愁に満ちていた。

「どうした」

「とうとう決まったよ」

「万事休すか」

「うん、万事休すだ。もっとも交渉が妥結を見るようなことになれば、出動部隊をただちに引き返す手筈にはしてあるが……」

あとはお互いに沈黙するのみだった。

山本は昭和十六年十二月八日の太平洋戦争開始にあたって、つぎの一文を書き残した。

「述志　此の度は大詔を奉じて堂々の出陣なれば生死共に超然たることは難からざるべし。ただ此の戦は未曾有の大戦にしていろいろ曲折もあるべく名を惜しみ己を潔くせむの私心ありては、とても此の大任は成し遂げ得まじとよくよく覚悟せり。大君の御楯とたたに思ふ身は　名をも命も惜まさらなむ」

それから約一年半後の昭和十八年四月十八日、山本は南方ブーゲンビル島上空で、米軍機の襲撃によって戦死した。

24　ラデカルリベラリスト・井上成美

(1) 井上成美の生い立ち

井上成美（明治二十二年〈一八八九〉十二月九日～昭和五十年〈一九七五〉十二月十五日）は、井上嘉矩（よしのり）と元（もと）の八男として、仙台市で生まれた。この年に、大日本帝国憲法が発布された。

維新前、父の嘉矩は幕府直参の身分（勘定奉行普請方）で、若いころから数理に長け、土木技術を研究するために、幕命で長崎に遊学したほどの人物であった。嘉矩は、病死した先妻の静岡県士族榎本和光の娘花子との間に、娘一人をふくむ四人の子供をなした後、角田に本拠を持つ二万一千石の元大名、伊達一門の石川義光の娘元を後添えに迎えた。

井上成美

元が嘉矩に嫁いだのは、明治八年二月のことであり、二十歳の時だった。元の兄の光顕は一関藩田村家を相続し、その長男の丕顕（ひろあき）は海軍兵学校に進み（二十七期）、後に海軍省少将になった。

嘉矩は、元との間に男ばかり九人の子をもうけた。井上家の子供たちの名前は、みな父の嘉矩が漢籍から採って付けた。

成美の名は『論語』が出典であり、「子曰く、君子は人の美を成す。人の悪を成さず。小人はこれに反す」から採られた。成美はこの名の由来を父の嘉矩から教えられ、そのような人間になるようにと諭された。

嘉矩は明治新政府から宮城県権大属の処遇を受けたため、江戸から仙台に移り住むようになったが、明治十一年に突然官を辞して葡萄園の経営に着手した。しかし、この試みは失敗に終わり、家計は苦しくなった。

元は箏曲に堪能であった。成美がピアノを弾いたり琴やギターを弾いたりするのは、母の血によるものである。成美の印象によれば、母の元はつねに上品で、「あそばせ言葉」を使っていた。手枕や細帯姿というものを見たことがなかった。成美が理想とする女性像には、母の影響があった。その元は、成美が中学に進む前年の明治三十四年十二月十六日、四十六歳で病死した。元は死に際して、惨めな姿を曝したくないとして自害したと言われている。

元の子供は、上から秀二、達三、欽哉、其助、多助、義比（よしちか）、美暢（よしのぶ）、成美、敏功（としなり）の九人だったが、花子の子供が早死にしたため、秀二が嫡子となった。したがって成美の学籍簿には、秀二が長兄として記されている。

成美の兄弟は皆秀才だった。成美は、とくに秀二と達三の二人の兄の影響を強く受けた。秀二は明治九年生まれで、旧制第二高等学校を経て京都帝国大学に進み、理工学科で土木学を学び、母校の助教授をつとめた後、全国各地の水道事業に携わり、戦前、土木学会長をつとめた。

次兄の達三は明治十年生まれで、小学校時代は山梨勝之進と同級生で、仙台の東北学院に学び、陸軍士官学校（十一期）を経て砲兵少尉になった。陸軍大学校には進まなかったが、重砲兵校長、輜重兵監をつとめ、陸軍中将にまでなった。とくに日露戦争に参加して、臼砲、要塞砲の開発に寄与した重砲の権威だった。

宮城県立仙台第一中学校（後の旧制第二中学校）に入学した成美の中学四年当時の通知表は、六十人中一番で、とくに数学に優れていた。音楽を愛し、鋭敏にして慎重な性格だった。

井上は明治三十九年（一九〇六）十一月二十四日、海軍兵学校第三十七期生徒として入校した。帝国海軍が日本海海戦でバルチック艦隊を完全に打ち負かした翌年だったために、海軍人気が沸騰し、海兵の入試には全国から二千九百七十一名が受験をし、倍率も十六・五倍と、そのころの最高を記録した。この中から百八十一名が合格した。井上の入校成績は九番だった。

井上の三十七期クラスは、後に四十九名にのぼる提督（将官）を排出した。草鹿任一、大川内伝七、桑原虎雄、鮫島具重（ともしげ）、岩村清一、小沢治三郎などである。

当時の兵学校は三年制で、在校生は三十五期が約百七十名、三十六期が約百九十名、それに三十七期生で、合計五百四十余名であった。各生徒は、ほぼ十五名ずつ計四十五名前後の人数で一コ分隊を構成し、全校生徒隊は十二コ分隊だった。

兵学校の校長は、日露戦争の前半に連合艦隊参謀をつとめ、日本海海戦では第二艦隊司令長官として活躍した島村速雄少将だった。武官教官の多くは日露戦争の勇士で、したがって校風はかなり荒っぽかった。井上ら三十七期生は、三十五期の最高学年生徒から（一号生徒、近藤信竹や野村直邦らがいた）に徹底的にしごかれた。

日本海軍が「サイレント・ネービー」と言われ、「シーマンシップの三S精神」、つまり「スマートネス、ステディ、サイレント」がモットーとされるようになったのも、この時代からだった。

兵学校に入ってみると、井上にとっては東北人特有の訛（なま）りのためか英語が苦手だったらしく、一学年の成績は入校時の九番から十六番に落ちてしまったが、ここで一念発起し、第二学年の一学期末には一番の成績をおさめることができた。

明治四十二年十一月十九日、第三十七期生百七十九名が兵学校を卒業し、即時に海軍少尉候補生を命ぜられ、練習艦隊による訓練へと移った。井上は卒業時でも次席を保持し、恩賜の双眼鏡を授けられた。クラスヘッドの小林万一郎が大正十一年に病死したため、井上が実質的にヘッドになった。

井上ら三十七期生は、卒業と同時に首席の小林万一郎と、次席の井上の二手に分かれ、それぞれ九十名と八十九名とが、阿蘇と宗谷とに分乗して、練習航海に出航した。

この時の宗谷の艦長が、終戦時に首相をつとめることになる鈴木貫太郎大佐だった。宗谷の指導教官には、第一分隊長の高野五十六大尉（三十二期、後に元帥）がおり、指導官付（指導官補佐）には古賀峯一中尉（三十四期、後に元帥）がいた。この時が井上の鈴木、山本、古賀の初対面となった。

井上は明治四十三年（一九一〇）十二月十五日、海軍少尉に任官し、翌四十四年一月、第二艦隊（司令長官、島村速雄中将）旗艦の一等巡洋艦鞍馬の乗り組みとなり、航海士の勤務に就いた。そして同年四月一日、鞍馬は僚艦の二等巡洋艦利根とともに、イギリス国王ジョージ五世の戴冠式の際に行なわれる観艦式に参列するために、横須賀港を出航した。この遣英艦隊には、後に井上と強い関係で結ばれることになる米内光政大尉（二十九期、後に大将、海相、首相）が、利根の砲術長として参加していた。

一年三ヵ月の鞍馬乗り組みの後、井上は明治四十五年四月、横須賀砲術学校普科学生を仰せ付けられた。井上が入校した時、米内光政は六年目の古参大尉、高野五十六は三年目の大尉で、ともに教官をしていた。この時、米内は三十三歳、山本は二十九歳、井上は二十二歳であった。後に海軍省左派トリオを称された米内海相、山本次官、井上軍務局長の時代は、これから二十五年経たなければならない。

井上は砲術学校で、高野大尉から兵器学を教わった。この年の七月三十日、明治天皇が崩御され、大正となった。八月はじめ、四ヵ月の砲術学校普通化教程を終えた井上は、即日同じ横須賀の海軍水雷学校普通科学生へ進んだ。

ある日何かの事件が起こり、学生たちは講堂に集められ、担当教官から叱責されたことがあった。教官が最後に、「それでも自分が正しいと思う者は出て行け！」と言うと、井上は平然と席を立った。井上は、自分が正しいと信ずることは、決して節を曲げなかった。

大正元年十二月一日付で井上は中尉に進級し、翌二年春、水雷学校を終え、高千穂乗り組みを仰せ付けられた。七ヵ月の高千穂乗り組みの後、同年九月二十六日、新鋭巡洋戦艦比叡に着任した。この時から二十年後の昭和八年秋、井上はこの艦の艦長となって戻ることになる。

ここでまた井上に影響をあたえた人物との出会いがあった。それは同じ仙台出身で当時副長（副艦長）をしていた山梨勝之進中佐（二十五期、後に大将）だった。山梨三十六歳、井上二十三歳の時であった。

比叡乗り組みの大正三年（一九一四）七月二十八日、第一次世界大戦が勃発し、八月二十三日、日本も日英同盟の誼によって参戦した。

大正四年十二月十三日、井上は大尉に進級し、同日付で戦艦扶桑分隊長に補された。三万六百トンの扶桑は、その年の十一月八日に呉海軍工廠で竣工したばかりの当時としては世界最大の最新鋭超弩級戦艦であった。

翌大正五年七月、堀悌吉少佐（三十二期、後に中将）が、分隊長として扶桑に転勤してきた。堀は山本五十六と同期で三十二期のクラスヘッドであり、将来海軍大臣になるべき人材と期待されていたが、ロンドン海軍軍縮条約の際は軍務局長として山梨次官を助けたため、海軍を追われることになる。

堀はこの年の五月末に、三年余のフランス駐在から帰朝し、海軍大学校甲種学生の第一次試験を終えたばかりだった。井上と堀の士官生活は、この年の十二月までのわずか五ヵ月であったが、井上は堀から人間形成上大きな影響を受けた。

当時、任官一年目の機関少尉で扶桑のガンルーム（第一士官次室、中・少尉など初級士官公室）にいた森田貫一（機二十三期、後に中佐）は、つぎのように語っている。

「堀さんも井上さんとは大変お親しい様子でした。お二人とも、その後ずっと軍政方面を歩かれて、ことに堀さんが軍縮条約問題で海軍省と軍令部との争議のとばっちりで、ついに身を退かれた時には、井上さんが大変残念がり、また憤慨されたのを、今でも覚えています。井上さんが最も尊敬された人の一人は堀さんでしょうね」

(2) 結婚と海外駐在

大正四年（一九一五）十一月十七日、井上の父嘉矩がこの世を去った。享年六十八歳だった。

翌大正五年十二月一日付で、井上は海軍大学校乙種学生になった。これは、砲術、水雷、航海の各高等科に分かれる前の教養課程で、期間は約半年だった。井上は、四年ぶりに陸上勤務となった。

その一ヵ月ほど後の大正六年一月十九日、井上は二十七歳で結婚した。新婦は、退役陸軍二等主計正（主計中佐）原知信の三女・喜久代といい、井上より七つ年下の二十歳だった。喜久代の長姉光子は、後の陸軍大将・首相となる阿部信行に嫁いでいた。

大正六年十二月一日、海大専修学生課程（航海）を終えた井上は、一等砲艦淀（一千三百二十トン）の航海長に補され、再び海上へ出ることになった。

同年二月、ドイツは「無制限潜水艦作戦」を宣言し、商船に対して武装した仮装巡洋艦による通商破壊作戦に乗り出した。

日本は同盟国イギリスの要請に応えて、三つの特務艦隊を編成した。井上が乗り組む淀は、ちょうどその時はフランスの委託によって日本で建造された駆逐艦を呉からシンガポールまで護衛する任務を果たし、同港に停泊中だった。一月九日、井上はシンガポールに赴き、航海分隊長として、インド洋方面での作戦行動に従事した後、五月七日、母港の呉に帰投した。

その後、淀はドイツ領南洋群島の占領地警備に就いたが、この艦には後に井上が心を許すことになる海軍省参事官榎本重治が、渉外、法制関係の顧問役として便乗していた。

約五ヵ月の南洋群島の警備を終えて淀が小笠原諸島の父島の二見港に入港する直前に、井上の元に、「スイス駐在を命ず」との電報が届いた。

大正八年二月八日、名古屋の阿部信行宅で、靓子が生まれた。この二日後の二月十日、井上は神戸港から赴任の途についた。出発前に井上は海大甲種学生だった堀悌吉を訪ね、欧州滞在に必要な助言をもとめたところ、堀は、「スパイまがいのことはするな。もっと次元の高いことをやれ。その国の歴史を知り、世情に通ずることだ」と述べ、単なる軍事研究に終わることなく、その国民性を知ることが大切であると説いた。

大正八年六月二十八日、第一次世界大戦が終結を告げるベルサイユ平和条約が締結された。

大正九年七月一日、チューリッヒに滞在中の井上に、ベルサイユ平和条約実施委員の発令があった。日本側の主席委員は左近司政三(二十八期、後に中将)だった。

井上は、イギリス、フランス、イタリアの委員と共同して、ドイツ軍の武装解除にあたった。

各国武官との交流を通して井上は、イギリス上流階級の子弟が、第一次大戦中、いかに勇敢に戦ったかを幾度も聞かされた。イギリスのエリートたちは、日頃から国家に優遇されているとの考えから、国の大事が迫った今こそ働かなければならないという気持ちで、みな軍隊を志願したのだという。彼らの底に流れているのは、ノーブレス・オブリージュの精神とジェントルマンシップであった。この精神を身につけた指揮官なら、戦場にも赴いても立派に戦うことができることを、井上は知った。

ドイツ駐在から三ヵ月間のフランス駐在の後、井上は大正十年十二月一日付で少佐に進級し、同時に帰朝を命ぜられた。帰国の途中、井上は大西洋を渡ってアメリカに立ち寄った。時あたかもワシントンでは海軍軍縮会議が開かれていた。

井上は自分より七期後輩の機関科のクラスヘッドで、当時、海大選科学生として、MIT（マサチューセッツ工科大学）に留学していた久保田芳雄中尉（海軍機関学校二十五期、後に少将）をボストンの下宿に訪ねた。かねがねその国の実情を知るには、一般家庭を訪問するのが一番と考えていた井上は、さっそくこれを実行したのだった。当時わが国では、一般家庭に電話機があるのははなはだ珍しかったので、井上は米国の主婦に「電話架設に何日かかるか」と尋ねてみたところ、「申し込みをすれば、一、二日」と答えた。このようにして井上は、アメリカの通信網の充実ぶりを知った。また井上は、アメリカの一般市民がいかにデューティー（義務）に忠実であるかを知った。

明けて大正十一年二月四日、井上は横須賀に着き、三年ぶりに妻子の下に戻った。

出発前に生まれた靚子は満三歳になっていた。

大正十一年三月一日付で、井上は第一艦隊第三戦隊所属の二等巡洋艦球磨（五千五百トン、軽巡洋艦）艦隊勤務に着いた。球磨はシベリア撤兵に関連して、同年八月三十一日、セントウラジミルへ警備のため回帰している。

井上は、シベリア出兵、さらには第一次世界大戦に日本が参戦したことに、はなはだ不満だった。井上は、つぎのように語っている。

「軍隊は国の独立を保持するものであって、政策に使うのは邪道であると思う。独立を保てぬと言う時は戦争をやるが、政策の道具に使ってはならぬ。政策に使われた時、軍人は喜んで死ねるか。第一次大戦に駆逐艦を出したのは不可と思っている」

大正十一年十二月一日付で井上は、海軍大学校二十二期甲種学生（総員二十一名、海兵三十七〜四十期）となった。海大甲種学生は、高級幹部要員で高等兵学やその他を学んだ。井上が海大甲種学生になった年（大正十一年）二月六日、米英日三ヵ国による主力艦の比率を五・五・三に定めたワシントン海軍軍縮条約が成立した。

海大学生として勉強すること二年の後、井上は、大正十三年十二月一日、ここを卒業し、同時に海軍省軍務局員を命ぜられた。時に井上三十五歳であった。

海軍省軍務局は、海軍軍政の中心である。したがって軍務局の所掌事務は広範囲にわたっており、およそ海軍大臣の名において出される部内外への書類や電報は、すべて軍務局を経由することになっていた。局員は事務分担の区分によって、A局員、B局員、C局員呼ばれていた。

井上は第一課B局員に命ぜられた。B局員の担当は、艦隊、軍隊の編制、役務、進退に関する事務や、艦船、部隊、官衙、学校の定員制度に関する事務だった。三十五歳から三十八歳までの三年間近い軍務局勤務を通して、井上は海軍軍政を隅から隅まで勉強した。

後に井上は、「ある一つの規則を定める時、法律を作って出すのか、海軍大臣名で出すのか、それとも允裁を仰いで軍令部長の名で出すべきなのか、その区別は諸規則に書いてある。しかしそれを読んでもわからない。それで、法律を噛みしめる力を養わなければ駄目だと思って一生懸命に努力した」と語っている。

この時法律を徹底的に勉強したことが、それから八年後、軍令部条例改定に反対し、軍務局第一課長として井上が断固反対する理論的基盤となった。

井上がB局員として仕えた海軍大臣は、財部彪大将（十五期）、続いて岡田啓介大将（十五期）、次官は安保清種中将（十八期、後に大将）と大角岑生中将（二十四期、十八期、後に中将）だった。また井上はこの軍務局員時代に、海軍省書記官の榎本重治と心を許す間柄になった。

（3）加藤友三郎海相の思想的継承者

「戦争は政治の延長なり」というクラウゼビッツの言葉を待つまでもなく、軍事は政治に従属すべきであり、その逆であっては決してならない。国防力と言うものは、国際関係の緊張度合いや国力などによって増減されるべきものであり、ここまで軍事力を持ったから絶対に安全だなどと言うことはできない。ところが戦前は、こうした考え方が徹底していなかった。昭和五年のロンドン海軍軍縮会議の後、日本海軍内では、条約派（良識派）と艦隊派の対立が顕在化してきたが、両派の対立の根底には、こうした国防観の相違があった。井上は加藤友三郎の正統的継承者と言える。

ワシントン海軍軍縮条約に対する井上の考え方は、つぎのようなものである。

「戦をすれば負けるから、何とか外交でしのいでいかなきゃならんと私は思っていました。が、軍人としてそれを自分に言い聞かせると言うことは悲しいことです。そして悔しいですよ。悔しいけれどもね。そういう国なんだから日本というのは……。日本よりも技術が進み、人口も沢山、土地も広いと言う国がある、と言うことは仕方がない。もがいたって、これから抜き出るわけにはいかない。そういう世界の状況ならば、その中で無理をしない範囲で立派な国と成って行く方がいいんではないか。そういうふうに考えた」

フランスから帰国して五年目の昭和二年十一月一日付で、井上はイタリア在勤帝国大使館付武官に補された。井上がイタリアに出発するころ、妻の喜久代は結核に冒された。もともと喜久代は体が弱かったが、流産して病気を加速させた。喜久代は、井上がローマに着任したあと、喀血して倒れてしまった。異国の地にあって、病床にある妻と一人娘靚子を思う井上の気持ちはいかばかりだったろうか。

ある日、井上はオペラに招待された。その日の演目は「椿姫」だった。胸を病みながら死んでゆくヒロインが喜久代と重なり、最後まで観ることができなかった。

イタリア在勤中、井上は海軍省人事局に対して、「帰国の上は家庭の事情もあり、閑職でもよいから国内勤務を希望する」との懇請文を出した。

井上がスイスでの避暑を終えてローマに帰る途中、パリに立ち寄った際、フランス大使館付武官補佐官代理をしていた高木惣吉（四十三期、後に少将）と出会った。高木は初対面の時の井上の印象を、「佐分利信によく似た若々しい井上中佐は、切れ味のよい業物らしい、しかも惚れ惚れする美丈夫であった」と後に語っている。

昭和四年八月一日付で、井上は帰朝命令を受けた。昭和五年一月十日、井上は海軍大学校教官に補された。井上の海大教官就任は、「海上勤務では家庭が破壊するから、暫く閑職において欲しい」という井上の願いに対する、人事局の配慮だった。

昭和五年十一月一日、井上は海軍省軍務局第一課長に就任した。海軍省軍務局は海軍の政策の総元締めであり、なかでも第一課長は局の筆頭課長であり、まさに帝国海軍の要的地位だった。この日、井上の妻喜久代が享年三十七歳の若さで亡くなった。井上四十二歳の時だった。

(4) 軍務局長に就任・三国軍事同盟に絶対反対

昭和十二年七月七日、盧溝橋事件が勃発し、たちまち支那事変に発展した。同年十月二十日、井上は海軍省軍務局長に就任した。海軍省の陣容は、海軍大臣に岩手県盛岡市出身の米内光政大将、海軍次官に新潟県長岡市出身の山本五十六、そして宮城県仙台市出身の井上という「北国トリオ」だった。

十一月、宣戦布告のない事変であるにもかかわらず、大本営が設置された。この一年前の昭和十一年十一月二十五日、独防共協定が成立し、十二年十一月、これにイタリアが加わって日独伊防共協定になった。ところが、この防共協定をさらに一歩進めて、英米仏を対象とする軍事同盟にまで推進しようとする動きが、陸軍を中心に強まってきた。しかし米内・山本・井上らは、この日独伊三国軍事同盟（防共協定強化問題と呼ばれた）に絶対反対の立場を貫く決意をしていた。

井上の日独伊三国軍事同盟反対の論拠は、つぎのとおりだった。

第一に、日本経済はそのほとんどすべてを、米英両国に依存している。とくに海軍にとって最も重要な鉄と石油は、アメリカから購入している。ドイツと同盟すれば、当然イギリスやアメリカと敵対することになってしまう。これは鉄と石油を断たれることを意味し、そうなれば戦争などできるわけはない。ドイツ、イタリアが英米に代わって日本経済を支えることができるかと言えば、これはまったく期待できない。

第二に、軍事的に見ても、地理的に遠く離れた独伊と結んでも、あまり期待できない。とくに独伊の軍事力に至っては問題にならない。

第三に、ヒトラーの率いるドイツと、ムソリーニのイタリアと言うものに、井上自身が嫌悪感を持っていた。

平沼騏一郎内閣の下、昭和十四年初頭から七十数回におよんだ三国同盟に関する五相会議（首、外、蔵、陸、海）は、結論を出せないまま暗礁に乗り上げた。そうした最中の八月二十三日、突如、独ソ不可侵条約成立のニュースが世界中を駆けめぐった。ドイツは事前には日本には何の通告も寄越さなかった。八月二十八日、平沼首相は、「欧州の情勢は複雑怪奇なり」との言葉を残して、総辞職した。

八月三十日付で、米内は軍事参議官、山本は連合艦隊司令長官、井上は支那方面艦隊参謀長となって、海軍省を去った。

榎本重治は、三国同盟問題について米内から、「井上が一番なんだよ。どんなことがあっても井上は承知しないよ」と聞かされていた。山本も同様に、「三国同盟反対の急先鋒は俺と言うことになっているが、本当は井上だよ」と語っていた。

(5) 支那方面艦隊参謀長

昭和十四年十月二十三日、井上は支那方面艦隊参謀長兼第三艦隊参謀長に補された。そして井上は、満五十歳を間近に控えた十一月十五日付で中将に進級した。

平沼内閣崩壊の後を受けて、井上の義弟にあたる阿部信行（陸軍大将）内閣が成立した。しかしこの阿部内閣はわずか四ヵ月半で瓦解し、昭和十五年一月、米内光政内閣が成立した。

ヨーロッパ戦線では「奇妙な戦争」の状態に終止符が打たれ、この年の春、ドイツ軍による猛進撃がはじまった。ドイツ軍による春季大攻勢は、わが国の枢軸論者を再び活気づけた。フランス、オランダ両国の敗北にともなう東南アジアからの撤退は、日本国内に南進論を高まらせることになった。

「バスに乗り遅れまい」として焦る陸軍は、三国同盟と南進論に慎重な態度をとる米内内閣を、畑陸相を辞任させることによって倒壊させる戦法にでた。

昭和十五年七月、米内に代わって近衛文麿に再び組閣の大命が下った。組閣に先立って近衛は、陸海外相に予定されている東条英機、吉田善吾、松岡洋右の三人を私邸に招いて、今後の対外政策について協議し、七月二十七日、大本営政府連絡会議において、「世界情勢の推移に伴ふ時局処理要綱」を決定した。そしてこれに基づいて、太平洋戦争へと繋がる日独伊三国同盟の締結と北部仏印進駐を強行した。

昭和十五年春、ドイツ軍の優勢の情報がしきりに入ってきたころ、支那方面艦隊水雷兼政策参謀の中山定義少佐（五十四期）は、国際情勢について井上に感想をもとめたところ、井上は即座に、「ドイツはかならず負けるよ」と答えた。そこに一点の迷いもなかった。

三国同盟交渉は、折から来日したスターマー独公使と松岡外相との間で、九月九日から千駄ヶ谷の松岡私邸で密かに行なわれた。

日本海軍は、自動的参戦義務を負うことに対する懸念から留保的態度をとったが、九月十三日、松岡外相と豊田貞次郎海軍次官、岡敬純軍令部第三部長による会談がもたれた結果、本文のほかに新たに付属議定書と交換公文を設け、この中で事実上、参戦の自主的判断を各国政府が保有する旨を規定し、さらに日独領委任統治諸島問題や対ソ国交調整問題にも触れるということで、海軍側は最終的に同意した。

九月十五日、各軍事参議官、各艦隊司令長官、各鎮守府司令長官らが列席して、三国同盟問題についての海軍首脳会議を開催した。冒頭、伏見宮総長は、「ここまで来たら仕方がないね」と発言して、自由な議論を封じた。

九月十六日、近衛首相が三国同盟に関して閣議で承認を得たことを報告するために参内したところ、天皇は、「よく自分は、海軍大学の図上演習ではいつも対米戦争は負けるのが常であると言うことを聞いたが、大丈夫か」と問われた。

井上は、『思い出の記（続編）』の中で、つぎのように回想している。

「日独伊三国同盟は、昭和十五年九月、及川大臣、豊田次官（豊田大臣、及川次官と言った方がピッタリ）の時結ばれ、日本海軍数十年来の伝統を破って、海軍までが親独に踏み切った。その後ある席上で、『我々が生命を賭してまで守り戦った三国同盟に、その後一年経つといとも簡単に海軍が同意したのは、いかなる理由によるものか』と、当時の責任者に尋ねたら、『君たちが反対した自動参戦の条項は抜いてあるので、後は何も問題はないんだよ』との答えで、我々の時はしていなかったのに、今度独伊と結んだ時には、独は不徳千万な侵略戦争をやっている最中であるという大事なことを考えもせぬ、呑気と言うか、おめでたいと言うか、全く評するに言葉なしでただただ唖然とした」

さらに井上は、「海相が身を退くか、入閣を拒否すれば内閣は成立せず、軍事同盟は締結できなくなる。この伝家の宝刀の乱用は戒心すべきではあるが、国家の大事な際には、断固活用すべきだし、活用すると信じていた。我々が三国同盟に徹底的に反対し続けられたのも、この宝刀の切れ味を知っていたからであった」と語った。

(6) 海軍航空本部長と「新軍備計画論」

昭和十五年十月一日付で、井上は海軍航空本部長に補された。以前、山本五十六も航空本部長をつとめ、「海軍の空軍化」を標榜したが、井上も山本の考えを継いだ。日米戦争が現実化している時だっただけに、海軍航空を預かる井上は緊張した。

井上は、前述の回想記の中で、「バスを乗り間違えた海軍首脳」と題して、つぎのように語っている。

「昭和十五年九月末、航空本部長に着任。時あたかも三国同盟が結ばれた直後で、見ていると海軍省と軍令部の若い連中（と言うが、どうも局長、部長級も同罪としか思われない状況だった）は、ドイツの第五列の宣伝工作も手伝ってか、陸軍と一緒になって、ドイツは強いんだ。ドイツと組んでいれば天下何者も恐れるに足らず、と言った態度である。一年余り前の私の軍務局長時代には、中国における軍事行動も常に米国を刺激せぬよう、米を怒らせないようにと苦心し、航空部隊の連中には誠に気の毒だったが、その軍事行動に非常に厳しい制限が加えられていたし、またパネー号事件（昭和十二年、南京占領の前日、日本海軍航空隊が米国砲艦パネー号を撃沈し、他に三隻の米国汽船に損害をあたえた事件）の如き国際問題の処理には、随分苦労し努力もした。山本次官もあの時は、本場仕込みの英語にものを言わせて、自ら大使館にまで行って、先方の誤解を解くために努力されたものであった。ところが今度東京に来てみて、何となく英米蔑視の空気が濃厚なのに驚いた」

戦後、井上は軍令部について、つぎのように批判したことがある。

「軍令部というのはね、海軍の象牙の塔ですよ。自分たちがエリートで、あとは有象無象の田舎侍だ、です。……軍令部は毎年作戦計画というものを出します。そして陸下に御覧を願う。結論として『現在の軍備で国防は安全でございます』と、そんな無責任な文句で結ぶのが慣例となってしまいました。私はそんなことは言わん方がいいと思う。『刻下の国防はこれで不安があります。しかしながら日本の国から見て、これ以上の軍備をする方が無理でしょう。従ってそういう強国との関係は、外交をもっていさかいを起こさぬようにして行くのが日本の生きる道じゃないかと思うが、軍令部は、『国防は安全です』と言う。どう安全だと聞きたくなります。だから軍令部というところにいる連中は、さっぱり進歩しない」と手厳しい。

戦前、井上のようにバランス感覚のある国防観を持っている軍人は、残念ながらきわめて少なかった。井上の考え方は、彼が「一等大将」（第一級の見解を持っている海軍大将のこと）と尊敬していた加藤友三郎海相の国防観、すなわち「国防は国力に応ずる武力を整ふると同時に、国力を涵養し、一方、外交手段により戦争を避くることが目下の時勢において、国防の本義なりと信ず」と本質的には同じであった。

昭和十四年九月一日、第二次欧州大戦がはじまると、アメリカ海軍は昭和十五年（一九四〇）六月、「第三次ヴィンソン案」を成立させ、さらなる増強を目指した「スターク案」（太平洋・大西洋の両洋艦隊法案）を成立させて、猛烈な勢いで建艦を開始した。

アメリカが太平洋（日本）と大西洋（独伊）で勝つための膨大な拡張法案を成立させたのを見て、軍備計画を担当する軍令部第二部は、今更のように驚いた。と言うのは、日本が進めている③計画（第三次海軍軍備補充計画）と④計画（第四次海軍軍備充実計画）が完成したとしても合計五十六万トンであり、アメリカの両計画の合計二百万トンに比べれば、四分の一に過ぎなかったからである。さらにわが航空兵力も米国のそれに比べると、四分の一程度だった。

軍令部は苦心惨憺して、⑤計画（第五次海軍軍備充実計画）を捻り出した。この⑤計画によれば、戦艦三、巡洋艦二、空母三、潜水艦四十五などをふくむ百五十九隻、六十五万トン、これに航空兵力百六十五隊増強という膨大なものであった。しかし、既定の軍備計画を合計しても、艦船はアメリカの約六割、航空兵力は四分の一でしかなかった。

昭和十六年一月、ペーパープランに等しかったが、軍令部の担当者がやっと纏めた⑤計画を予算化するための説明会が、海軍大臣官邸で密かに開かれた。井上は航空の主務者として海軍省、軍令部の首脳と共に出席し、軍令部第二部長（軍備主務）の高木武雄少将（三十九期、珊瑚海海戦では井上の下で機動部隊指揮官をつとめる。第六艦隊司令長官としてサイパンで戦死、後に大将）の説明を聞いた。軍令部の鼻息は荒く、⑤計画の実現は不可能とわかっていても、あえてこれに異をとなえる者はいなかった。

しかし、軍令部の説明を聞いていた井上は、我慢ができなくなって立ち上がった。「この計画を拝見し、かつ只今のご説明を聞くに、失礼ながらあまりに旧式で、これではまるで明治、大正時代の軍備計画である。ご説明によると、ただアメリカが戦艦をA隻持つから日本は十分の八隻必要だ。アメリカが空母をB隻持つから、我はぜひ空母を十分の八隻なければならないといった考え方である。

高木武雄

アメリカの軍備に追従して、各種の艦艇をその何割かに持ってゆくだけの、まことに月並みの計画である。その間いったんアメリカと戦争となったら、どんな戦をすることになるのか、その戦は何で勝つのか。それは何が何ほど必要なのかと言ったような説明もなければ、計画にも現れていない。

かような杜撰（ずさん）な計画に膨大な国費を費やしえるほど日本は金持ちではないし、仮にこの計画通りの軍備ができたとしても、こんなことでアメリカに勝てるものではない。同じ金を使うなら、もう少し気の利いた使い方をすべきだと思う。軍令部はこの要求を一応引っ込めて、篤とご研究になったらよいと思います」

井上の完膚なき批判によって、軍令部の面目は丸つぶれになったが、さりとて井上の意見に積極的に同調する者もいなかった。こうして会議は、⑤計画を承認した。

会議終了後、ただちに高木第二部長が井上の元に、顔色を変えて怒鳴り込んできた。この高木の下に軍令部第二部第三課長柳本柳作大佐（四十四期、ミッドウェー海戦で空母蒼龍の艦長として戦死、後に少将）がいた。

会議の二、三日後、井上が士官食堂で食事をしていると、航空本部のある部員がやってきて、「本部長、さっき食事の時に柳本大佐が、『本部長にあんなにひどくやられては、軍令部の面目は丸つぶれで、私は切腹ものだ』と言っていましたよ」と言った。この部員に対して井上は、「『切腹したつもりで勉強しろ』と本部長が言っていたと、柳本大佐に伝えてくれ」と言った。

そのころ井上の耳にも、「井上と言う男は破壊的な議論ばかりする」と言う部内の声が入ってきた。井上としては、「破壊的」と言われることに我慢できなかった。そこで井上は、一週間ほどかけて、年来の持論である「戦艦不要論」と「海軍の航空化」を骨子とする『新軍備計画論』と名づけた意見書を書き上げて、昭和十六年一月三十日、及川海相に提出した。

『新軍備計画論』の要旨は、つぎのとおりである。

①航空機の発達した今日、これからの戦争では、主力艦隊対主力艦隊の決戦などは絶対に起こらない。したがって、巨額の金がかかる戦艦など建造する必要はない。

②陸上航空基地は、絶対の不沈空母である。空母は運動力を有するから使用上便利だが、きわめて脆弱である。ゆえに海軍航空の主力は、基地航空兵力であるべきである。

③対米作戦では、これら基地争奪戦が主作戦になると断言する。換言すれば、上陸作戦ならびにその防御戦が主作戦となる。したがって基地の要塞化を急ぐ必要がある。

④日本が生存し、かつ戦いつづけるためには、海上交通を確保することが必要であるから、これに要する兵力を充実すべきである。

⑤潜水艦は、基地防御にも通商保護にも攻撃にも使える艦種であるから、充実すべきである。

この井上の『新軍備計画論』は、対米戦争勝利のシナリオとして読まれるべきでなく、旧態依然の軍備では対米戦争においてわが国が敗北することは自明であり、そうであれば避戦に徹すべきであるという文脈で読まれるべきである。日本がその地理的特徴に照らし合わせ、さらにまた現代のテクノロジーを駆使した独自の軍備を持つべしとする考え方は、今日でも立派に通用するものである。

(7) 第四艦隊司令長官就任と開戦

昭和十六年七月二日、近衛内閣は御前会議で、「情勢の推移に伴ふ帝国国策要綱」を採択し、七月二十八日、南部仏印進駐を強行した。八月十一日、井上は第四艦隊司令長官（南洋警備）に補された。

「井上さん、邪魔にされましたね」の榎本書記官の言葉を背に受けて、井上は十ヵ月ぶりに東京を離れた。

八月二十一日、井上はサイパンに到着し、停泊中の第四艦隊旗艦鹿島に座乗し、ただちに将旗を掲げてトラック島へ向かった。

昭和十六年十二月八日、太平洋戦争が開始された。通信参謀から「おめでとうございます」の言葉とともに真珠湾奇襲成功の電報を渡された井上は、「馬鹿な！」と一言吐き捨てた。

日本軍は米豪遮断作戦の一環として、ツラギに上陸した。昭和十七年五月八日、ツラギ・ポートモレスビー作戦に出撃した第四艦隊と米機動部隊との間で珊瑚海海戦が行なわれた。この珊瑚海海戦は、日米機動部隊同士による史上はじめての海戦だった。日本側は改装空母祥鳳を失い翔鶴を大破したが、米軍側もレキシントン沈没、ヨークタウンを大破した。この結果、日本は米豪遮断のポートモレスビー作戦を放棄せざるを得なくなった。

(8) 海軍兵学校長

昭和十七年十月二十六日、井上は海軍兵学校長に補された。

これより二十日ばかり前の十月七日、井上はトラック環礁に在泊中の連合艦隊旗艦大和を訪ねた。それは、井上と同期の草鹿任一が兵学校長から第十一航空艦隊司令長官に補され、任地のラバウルへ赴任の途中、大和に立ち寄ったのを機会に、山本が井上も呼んで草鹿を主賓とする夕食会を開いたからである。

同席した近藤信竹第二艦隊司令長官（三十五期、中将、後に大将）が草鹿に対して、「兵学校長は誰が行くんだい？」と聞いたので、「いや、まだ誰も着任していないんです」と返事をした。すると山本が、「井上、君が行くんだよ。……この間、嶋田（繁太郎、海相、三十二期、大将）から手紙が来て、君を兵学校長に貰いたいと言ってきたので、僕も承知しておいたよ」と口を挟んだ。

こんなやり取りがあったことなど何も知らなかった井上は驚いて、「本当ですか?」と山本に念を押すと、山本は大きくうなずいた。

井上が、「私は十七や十八の生意気盛りの小僧を教えるなんて、嫌ですね。あなたもよく知っておられるとおり、私はリベラリストですから、近頃のような（戦時）教育には向きませんよ」と言うと、山本は、「まあ、いいから海軍省へ行ってみろよ」とのことだった。

十一月初頭、井上は海軍省に嶋田海相を訪ねた。その際、井上は嶋田に向かって、「私は誠心家でもなければ人格者でもなく、きわめて自由主義者で、ざっくばらんで、人前を繕うことも嫌いです。高いところに立って生徒に対し、聖人君子の道を言って聞かせるようなことはもっとも嫌いな変わり種で、一言で申せば、いわゆる教育家などといわれるひとからは程遠い人間だと思います」と言った。

十一月十日、井上は三十三年ぶりに、第四十代目の兵学校長として江田島に戻ってきた。井上が兵学校に入校した頃（明治三十九年）の生徒数は、一号生徒約百七十名、二号生徒約百九十名、三号生徒約百八十一名の合計五百四十名余であったが、昭和十八年には、一号生徒（七十二期）六百二十五名、二号生徒（七十三期）九百二名、三号生徒（七十四期）一千二十四名の合計二千五百名余と大きく膨らんでいた。

着任して井上がまず気づいたことは、校内にゆとりと言ったものがまったくなく、何となくぎすぎすしていることであった。

当時のことを井上は、つぎのように回想している。

「江田島に行って生徒の毎日の生活に接しているとね、何だかこう顔がひきつっているんだ。やり切れないって言う恰好ですね。……士官は、何を、いつ、どこで、誰に、何故、どうすべきかを、考えて行動する。つまり自由裁量が士官にとって一番大切なんだ。こんな家畜みたいな生活をさせてはいけない、そう思いました」

さらに井上は、自分の教育方針を徹底するために、教官研究会を設けて、数回にわたって話をした。この時の話の内容は、『教育漫語』と名づけて印刷配付した。

「現在戦時なるが故に戦時体制と称し、何事も直ちに間に合うことを目標とすること国内一般の風潮なり。これは事柄による。戦争に従事すべき軍人の教育を行なう兵学校において、この戦時体制の教育を必要となすが如く考えらるるとも、実は然らず。国家百年の計を考え、将来永久にますます発展すべき帝国海軍の核心たるべき将校の責務に思いを致す時、本校の生徒教育は眼前の打算に禍せられ、累を遠き将来に遺すが如き事をなすべきに非ずと認む」

井上流に言うと、兵学校教育の目的は、すぐに役立つ「丁稚」を作ることではなく、「学士様を養成すること」であった。

戦後、作家の阿川弘之の質問に対して、「あの時分はあからさまに言うわけにはいかなかったが、あと二年もすれば日本が戦争に負けることは決まりきっていた。その時、世間の荒波の中に放り出されるこの少年たちに、社会人として生きてゆくための一応の基礎的な素養だけは身に付けさせてやるのが、私の責任だと考えていた」と語った。

江田島の兵学校内に入ると、イオニア式柱に支えられた白亜の建物が目に入る。それが教育参考館である。その二階の中央部には、東郷元帥とイギリスのネルソン提督の遺髪が安置されており、その向かいの壁面には、兵学校出身の戦死者、殉死者の名牌が掲げられている。そしてさらに歴代海軍大将の写真が、ずらりと並んで掲げられてあった。

井上は、これらの歴代海軍大将の写真を全部降ろさせた。その理由を井上は、「大部分の人は長い間海軍にご奉公した人たちで、その功績は大きい。しかし、中には海軍のためにならないことをやった人もいるし、また先が見えなくて日本を対米戦争に突入させてしまった、私が国賊と呼びたいような大将もいる。こんな人たちを生徒に尊敬せよ、と私は到底言えない。またそんな人たちの写真を参考館に飾っておくことは、館内に同居している真珠湾攻撃のとき特殊潜航艇で戦死した若い軍人にも相すまぬ、と思ったからだ」と述べた。

昭和十八年四月十八日、山本連合艦隊司令長官が戦死し、五月二十日、アッツ島の日本軍守備隊が全滅した。

海軍省軍務局は、七十五期生の大量採用を決定するかたわら、兵学校生との教育期間を短縮して、早期に飛行教育を開始すべく士官搭乗員の急速養成策を練っていた。七十二期約六百三十名については、すでに十七年末か十八年初頭、三年の教育期間を二年十ヵ月に短縮し、十八年九月に繰り上げ卒業させることが決定ずみであったが、軍務局ではさらに教育期間の短縮を目指した。したがって七十五期以降の教育期間は、二年程度になることが予想された。当時の海軍部内の一般的風潮は、「国破れて何の海軍ぞ！」という気持ちだった。ところが井上は、これに対して頑として反対した。「ただでさえ三年修業でも教育は十分でないのに、誠に不見識な年限短縮であった。そしてそれも急に決めてきたため、教科はすべて尻切れになる次第だった。このような取り扱いをされる生徒は、人間づくりの最も大切な年頃を踏みにじられたもので、見ようによっては一生台無しにされるわけで、私は校長として看過すべきではないと思った。そして今後これ以上の修業年限の短縮には、職を賭しても反対して生徒を守ろうと決心した」

昭和十九年三月、七十三期の卒業式に天皇のご名代として臨席した高松宮宣仁親王大佐は井上に対し、「兵学校の教育年限を短縮できないものか」と御下問された。これに対して井上は、「御下問は宮様としてでございますか、それとも軍令部員としてでございますか」と問い返した。

高松宮としては、「無論後者である」と答えざるを得なかった。そこで井上は「お言葉ですが、これ以上短くすることは御免蒙ります」とすかさず言い放った。

晩年、井上はつぎのように回想している。

「宮様は『そうか、そうか』と頷（うなず）いておられました。年限短縮の問題は宮様ご自身のお考えではなく、軍令部あたりの者が宮様に頼んで、頑固な井上を動かそうとしたのでしょう。その人たちは、『前線で士官が不足して困っている時に……』と、私が卒業を早めることに反対するのを怒っていたようです。私を密かに『国賊だ』などと言う者がいたのもその頃でした」

井上が一部から国賊視されていたころ、鈴木貫太郎大将（終戦時の首相）が私服で江田島を訪れたことがあった。

その時、鈴木は井上に言った。「井上君、教育の成果が現われるのは二十年後だよ。いいね」

(9) 海軍次官就任と終戦工作

昭和十九年（一九四四）二月六日、クエゼリンとルオット島（マーシャル諸島）の日本軍守備隊が玉砕し、二月十七日、米機動部隊によるトラック島空襲によって、わが方は大損害をこうむった。

三月二十日、高木惣吉教育局長（三月一日付、少将）は、海兵七十三期の卒業式に列席するために江田島を訪れ、翌二十一日夜、密かに校長官舎に井上を訪ねた。

教育局長就任以前は海軍大学校研究部員の肩書きで比較的自由が利く身分だった高木は、昭和十八年秋以来、井上に対して、戦況や中央の動向を知らせていた。

高木は井上に対して思い切って、「校長、ぜひ東京に出てきて、戦局の収拾に当たって下さい！」と切り出したところ、「とんでもない。私は予備役になるまで、ここでご奉公させてもらうつもりだ」とにべもなかった。

高木の胸中には、米内海相、井上次官の陣容で、この戦争の幕引きをはかってもらいたいとの、切なるものがあった。「校長、江田島におられるより、中央に戻っていただいた方が、はるかに多くの若者たちを救うことができると思いますが……」と必死で説くと、井上は黙してしまった。

昭和十九年七月十八日、東条内閣は総辞職し、二十二日に小磯内閣が成立した。

七月二十六日、校長官舎に、大臣秘書官岡本功少佐（五十七期、後に中佐）から電話がかかってきた。岡本秘書官が言うには、「大臣がお会いしたいといわれています。三十日午前八時に海軍省においで下さい。なおご参考までに申し上げますが、大臣は二十九日、海軍大臣報告のために伊勢神宮にご参拝になり、その晩は都ホテルにお泊まりになります」とのことだった。

七月二十九日夜、都ホテルの一室で井上と米内は対面した。

突然、米内が、「おい、やってくれよ」と切り出した。

「何のことですか？」と井上がとぼけると、「次官だよ」と米内が一言いった。

「冗談じゃありませんよ。私の政治嫌いは、先からご存知でしょうに……。私は政治を離れた江田島の方がよほどいいです。何を好んで江田島を棄てて政治の真っ只中に飛び込む奴がありますか」と井上が憤慨して言うと、米内は、「困ったなあ。……他に人がいないんだよ」とこぼした。

「それは、あなたが人を知らないからです。第一、あなたは私を買い被っています」

両者は、無言のまま対座した。しばらくして米内が口を開いた。「よーし、政治の時は、君は天井を向いていればいいよ」

そこまでいわれると、さすがに井上としても断れなくなった。ついに井上は、「政治のことは知らん顔をしてもいいのなら、やりましょう。部内に号令することなら、かならず立派にやります。決してご心配はかけません」ときっぱりと断言した。

八月五日、海兵の江田島本校（当時は、岩国にも海兵の分校があった）において、井上校長の退庁式があった。

八月二十九日、井上が海軍省に着任して二十三日目のこと、井上は決意を固めて大臣室に赴いた。

「現在の状況は誠にひどい。私の想像以上で、日本は負けるに決まっている。したがって一日も早く戦を止める工夫をする必要があります。今から如何にして戦争を止めたらいいかの研究をごく内密にはじめますから、大臣だけ御承知願います。及川軍令部総長にだけは私から申し上げておきます。大臣が御承知下されば、その研究に高木教育局長を当てたいと思います。高木少将には気の毒ですが、海軍省出仕、次官承命服務扱いとしたいと思います」

井上と高木の間柄は、昭和三年にパリで会って以来、公私共に因縁浅からざるものがあった。

昭和十九年十一月二十四日、マリアナ基地を発進したB29ははじめて東京を空襲した。

十二月のある日のこと、大臣官邸での昼食後、米内は井上に向かって突然、大臣を渡すことを切り出した。この時期、米内の血圧は二百五十もあり心臓が肥大して、とても大臣をつとめられるような体ではなかった。しかし、当時の海軍を統率できる人物は米内しかいなかった。その米内を井上が次官として支えることが、一番日本にとって必要だった。

井上は心を鬼にして、「陛下のご信任で、小磯さんと共に内閣を作ったんですから、くたびれたぐらいのことで大臣を辞めるなんていう話がありますか。今は国民みな命を賭けて戦をしているときではありませんか。何とおっしゃられても、私は絶対に聞く耳を持ちませんよ」と言った。

その後も井上は米内から大臣就任の打診があったが、固辞した。井上は高木に、かない。大臣になるには、大臣になるだけの器量がいる。貫禄がいる」と語った。

「米内さんは気軽に私に、『大臣をやれ』と言われたが、これは絶対受けるわけにはい

(10) 大将進級に反対

昭和二十年三月中旬、官邸で米内と井上の二人きりの際、米内が突然言った。

「大将にするぞ」

「誰のことですか？」

「塚原（二四三、横須賀鎮守府司令長官、三十六期、珊瑚海海戦では第十一航空艦隊司令長官）と君の二人だ。四月一日付だ」

大将は言うまでもなく軍人の最高位であり、普通であれば誰であっても嬉しくないはずはなかったが、しかし、この時は違っていた。と言うのは次官には中将クラスの人が就くことになっており、井上が次官に進級するとなると、次官を辞めなければならなかったからである。

「『戦い敗れて大将あり』ですか。今大将を二人作らないと海軍が戦をやっていくのに困るわけではないし、この戦局なのに大将なんか出来たら国民は何と思うでしょうか……」

この時は、これで沙汰止みになったが、五月七、八日ころ、井上は再び大臣室に呼ばれた。

井上が大臣室に入ると米内は姿勢を正して、「陛下が御裁可になられた」と、ぽつりと言った。

「何をですか?」

「塚原と君の大将親任だ」

井上が、「ハッ! 陛下の御裁可があったのでは致し方ありません。当たり前なら大臣の御取り扱いにお礼を申すべきでしょうが、私は致しません。なお、次官は辞めさせていただけるんでしょうね」と言うと、米内は黙って頷(うなず)いた。

「発令は、五月十五日だ」

井上は、「『敗け戦、大将だけはやはり出来』こういう句が出来ましたよ」と、米内に言い残して大臣室を後にした。この言葉の中に、井上の無念さが滲み出ていた。

五月十五日、井上は帝国海軍最後の第七十七人目の海軍大将に親任され、同時に軍事参議官に新補された。

それではこの時期、米内がなぜ井上を大将に進級させたのだろうか。考えられる理由としては、つぎの二つある。

①井上を大将にして軍事参議官にしておけば、万一の場合、米内に代わって海軍大臣にしやすくなるため。

②終戦の方策をめぐって、米内と井上との間に喰い違いがあった。米内が国体の護持（天皇制の存続）が終戦の絶対的条件であるとしたのに対して、井上は国体護持の約束を取り付けられなくても早期終戦を強く望んだこと。

和平工作が遅々として進まない事態に、井上はつねづね「手ぬるい、手ぬるい」と言って、米内を叱咤激励した。

井上が軍事参議官として終戦工作に果たした役割について、高木惣吉は、つぎのように証言している。

「ご参考のため申し上げますが、井上さんは『何も指示も打ち合わせもせず、高木が電流の入ったモーターの如く自動したように』と語っておられる。歴史は簡単ではなく、最初の話は確かにそれに近かったが、情勢は幾変転し、高木の思案に余ることもあり、特に内閣更迭の際など、情報提供と共に井上大将（海相共）の腹を確かめずに働くことは不可能ゆえ隠れておるわけにも行かず、廊下鳶のように省部を飛び回り、重臣、宮中関係者などを往復したことは、初めの隠密主義とは大いに異なったものとなりました。……井上大将は、私が功労者のように述べておられますが、以前述べた如く、私はお使い小僧に過ぎなかったので、米内、井上両上司の考えを関係要所に浸透させるのが私の任務でした。……井上次官は自ら外部の嫌な奴らと接触されなかったので、私に功を譲ろうとしておられるが、米内さんは志正しくも節堅きも弁舌が下手で説得力がなく、井上さんの正宗のような切れ味の腕前で終戦の大事の緒に就いたと思います」

昭和五十年十二月、井上の葬儀の際、寒風が吹きすさぶ中、本堂の外でジッと侍立して感慨に耽る高木の姿があった。

昭和二十年八月十五日、足かけ五年にもおよんだ太平洋戦争は、ついに終わった。十月十日、井上は待命を仰せ付けられ、十月十五日、予備役に編入された。ここに井上は、海兵入校以来三十九年間にわたる海軍生活に別れを告げた。時に五十五歳だった。以後、井上は歴史の中から完全に姿を消すことになった。

(11) 戦後の生活

終戦の日から丸五年経った昭和二十六年十二月十日のこと、『東京タイムズ』は、「ギターを弾く老提督沈黙を破る、無心の子供が生命、淡々と語る軍備の核心、一人行く孤高の道」と題して、井上元海軍大将の消息を伝えた。

「打ち寄せる波しぶきは届かぬが、吹きつける潮風はさすがに冷たい十二月の陽射しに、崖上の掘っ立て小屋から、この場所に不似合いな楽器を抱えた老人が一人。すると何処からともなく集まった子供たちに囲まれて、その円陣が次第に大きくなると一緒に和やかな歌声が寒空の中に温かく溶け込んでゆく。……さして変哲もない情景であるが、この老人こそ、かつて帝国海軍最後のホープと言われた井上成美元大将の浮世を捨てた隠棲の姿であった。場所は三浦半島の南端、横須賀市長井町荒崎、土地の人が箕輪と呼んでいる小湾の崖上にポツンと建った陋屋、今日九日の誕生日を迎えて満六十一歳になる井上氏は、さすがに海軍部内でその人格識見を謳われ、艦隊長官として麾下に号令しただけあって毅然とした高僧のような面持ちではあるが、深い年輪の刻み込まれた双頬には二十年前に夫人を喪い、只一人の愛娘の夫君を戦死させた孤独の影が見え、その居間兼客間に雑然と置かれたヤカン、魚を焼く網、空き缶に一人暮らしの不自由さが偲ばれた。机の上には手作りの本箱に二十数冊の英仏の原書が並べられ、昔の勇姿を知る人にはあまりにも質素な侘び住居、ただ徽章を取った帽子だけが僅かに海軍生活の名残を偲ばせるだけだった」

この記事を読むと、私は能の『景清』の情景を思い出す。

昭和二十年暮れごろ、戦争未亡人となった靚子は、夫の忘れ形見の研一を連れて、長井の家に戻ってきた。靚子はもともと体が弱かったが、長井に来てからは結核が再発し、床に臥す日が多くなった。

収入の道も途絶えた上に、さらに病床の娘と幼い孫を抱えた井上の苦悩はいかばかりだったか……。

昭和二十二年四月から、研一は小学校に通いだした。井上は病臥する靚子に代わって研一の衣服の洗濯から繕いまで、なんでも一人でやった。人一倍の研究心と手先のきようさを持っている井上は、靚子のため風通しのよい竹製のベッドまで作った。

昭和二十三年十月十六日、一粒種の研一の成長を見守ってやれぬまま靚子は、二十九歳の若さでこの世を去った。

貧窮の中で一人娘を喪った悲しさと、親を喪った孫研一の不憫さを思う時、井上は涙を溢れるのを禁じることができなかった。数日して研一は叔母に引き取られることになった。

朝鮮特需を契機に、日本は奇跡の復興を成し遂げ、国民は経済繁栄を享受した。

昭和五十年十二月十五日夕方五時ごろ、死の床についていた井上は、最後の力を振り絞ってベッドから起き上がり、ベランダ越しに残照の海を眺めた。傍らにはボロボロになった聖書が置かれていた。享年八十六歳だった。

25　海軍良識派の知将・高木惣吉

(1) 高木・岡田・細川ラインの倒閣工作

昭和十六年十二月八日、日本海軍は機動部隊による真珠湾奇襲作戦を成功させ、引き続いて翌十七年二月にシンガポール占領、フィリピン攻略、蘭印制覇と連戦連勝した。しかしながら、十七年六月五日、ミッドウェー海戦で日本海軍が大敗北を喫してからは、戦局の主導権はアメリカ側に移るようになった。

高木惣吉

八月七日、米軍は突然、ソロモン群島の南端ガダルカナル島に来襲し、この小島の攻防をめぐって、日米間で八月上旬に第一次ソロモン海戦、八月下旬に第二次ソロモン海戦、十月にサヴォ島沖海戦、十月に南太平洋海戦、十一月下旬に第三次ソロモン海戦と、一連の艦隊決戦、航空戦、奪回作戦が展開された。

このような戦局の推移は、日本海軍の立場からすれば、明治四十年制定の帝国国防方針・用兵綱領以来、つねにその伝統的対米用兵思想としてきたところの短期艦隊決戦方式の挫折を意味していた。そして日本海軍は、その作戦主務者たちがもっとも懸念していたところの長期消耗戦、航空戦へと追い込まれることになった。

昭和十八年二月九日、日本軍はガダルカナル島から撤退を余儀なくされ、以後、ポートモレスビー作戦の失敗、ニューギニア方面よりの逐次退却と、敗北がつづいた。さらに四月十八日、山本五十六連合艦隊司令長官が、ソロモン上空で戦死した。五月二十九日、アッツ島の日本軍守備隊が全滅し、九月には米豪連合軍が東部ニューギニアのラエ、サラモアに上陸した。そして十一月、米機動部隊はギルバート諸島のマキン、タラワ島に攻撃を加え、両島の日本守備隊を全滅させ、さらに翌十九年二月、米軍はマーシャル群島に上陸し、クエゼリン、ルオット両島の日本守備隊を全滅させた。

わが国の有識者の間で、終戦への道を模索すべしと言う声が急速に台頭してきたのは、このような厳しい状況を迎えた昭和十九年初頭からであった。

昭和十八年八月、高木惣吉（明治二十六年〈一八九三〉十一月一日～昭和五十四年〈一九七九〉七月二十七日）海軍少将は、舞鶴鎮守府参謀長から支那方面艦隊参謀副長に転任の内示を受けた。しかしながら高木には、肋膜炎の後遺症があったため、医師から外地勤務は無理と判断され、九月下旬、軍令部出仕となって東京に戻ることになった。その後、高木は海大研究部員となって、日々戦況の調査と海軍政策の作成に当たることになった。

高木は単に戦況調査の仕事ばかりでなく、海軍内外の指導的地位にある人々と広く接触を保った。たとえば、高松宮（宣仁、海軍大佐・軍令部一部一課）、岡田啓介大将（元首相）、及川古志郎大将（海上護衛司令官）、大西瀧治郎中将（軍需省航空兵器総局総務局長）、保科善四郎少将（海軍省兵備局長）、石川信吾少将（軍需省総動員局総務局長）、矢野志加三少将（教育局長）、矢野英雄少将（軍令部第三部長）、有馬正文少将（航空本部教育局長）、中沢佑少将（軍令部第一部長）、矢牧章大佐（調査課長）、近衛文麿、松平康昌、原田熊雄の諸公、池田成彬枢密顧問官、竹内可吉、山崎巌の両海軍省顧問、内務省の新居善太郎地方局長、町村金五警保局長、古井喜美、学界の西田幾多郎、高山岩男、矢部貞治、永田清、谷川徹三といった人々であった。

このような中で高木は、しだいに嶋田海相をはじめとする海軍首脳部の戦争指導のあり方に、疑問を持つようになった。

昭和十九年一月十一日、高木が第三艦隊の図上演習を傍聴した際、その旧態依然たる内容に深く失望した。高木は、陸海軍首脳の無為無策ぶりを傍観できないようになった。

ちょうどそのころ、東条支配下の陸軍の専横と嶋田海相の無能ぶりを印象づける事件が起こった。それは二月十日、昭和十九年度の所要航空資材の陸海の配分をめぐって開催された陸海両大臣（東条、嶋田）、両総長（杉山、永野）による四者会談による取り決めに関してであった。

当時、わが国の航空機生産は、原料、生産が完全に満たされたとしても年間四万六千機が限界であったが、会議では、最初海軍側が三万二千機、陸軍側が二万八千機を要求したため、合計六万機になった。そこで陸海双方間で相互要求削減を申し合わせた結果、海軍側が二万六千機に削減修正した。ここで事態は一件落着と思われたところ、陸軍側が調査したら余裕があったと称して、削減どころか三万二千機と当初よりも四千機も増加させた修正要求を出してきた。

このため事態は一層紛糾することになった。ところで、当時、陸軍の実際の生産能力は一万六千機に過ぎなかった。そうであるにもかかわらず、その二倍にもならんとする陸軍側の修正要求は、高木からすれば明らかに陸軍の謀略と映った。陸軍側の横暴に抗弁できないでいる嶋田・永野の両海軍首脳の指導力は大いに問題だった。

ともかく陸海四首脳会談の結果、一応、陸軍側は二万六千四百機、海軍側は二万四千機で落着したが、連合艦隊司令部、軍令部、航空本部、兵備局の中堅担当者たちはこれに納得せず、揉みにもんだすえ、資材を水増しして、陸軍二万七千百三十機、海軍二万五千百三十機、合計五万二千二百五十機に修飾して紙上計画とした。しかし実際には、資材面から計算すれば、せいぜい四万二千機から四万三千機といったところが生産の最大限であった。

軍令部や航空本部の中堅クラスからは、艦隊海軍から航空海軍に脱皮すべしとの声も上がっていた最中にこのような取り決めになったことから、これに対する憤懣は海軍全体に流れることになった。

嶋田繁太郎

高木は、隠密裏に海軍首脳の更迭を目指した工作をはじめることにした。二月十九日、高木は上京中の古賀峯一連合艦隊司令長官を私邸に訪ね、陸海航空機配分協定問題について直訴した。

古賀は、軍人官僚として出世コースを上り詰めたような人間だったが、現在は連合艦隊司令長官として対米作戦の総責任者の立場にいるだけに、この問題は見逃すことができなかった。会談の最後に古賀は、「世の中にもしも陸軍なかりせば、人の心はのどけからまし」と、「絶えて桜のなかりせば」をもじった和歌を口にしたほど陸軍に対する嫌悪感は強かった。

(2) 嶋田海相更迭に動く岡田

高木は嶋田更迭を実現するため、嶋田の後援者である伏見宮（博恭王）を嶋田から引き離す工作に着手することにした。その工作とは、元首相で重臣の一人である岡田啓介海軍大将を通して行なうものだった。

岡田は、昭和五年のロンドン海軍軍縮条約の成立の際、統帥権干犯問題で分裂した海軍内の抗争を調整したことから、宮中方面からの信頼が厚く、かつ艦隊派と条約派のいずれにも重石が効く存在だった。

太平洋戦争当時、東条首相兼陸相は、内政・外交、そして戦局の情報を一手専売で握っていたため、重臣といえども戦局の実相を知らないのが一般的であった。そんな中で岡田の周囲には、長男貞外茂（さだとも）（海軍中佐、軍令部一部一課・対米作戦主任、十九年十二月、フィリピン方面で戦死）、義弟（二・二六事件で岡田首相に見間違えられて射殺された松伝蔵大佐）の娘婿瀬島龍三（陸軍中佐、参謀本部作戦課）、岡田の娘婿の迫水久常（大蔵省総務局長、岡田内閣時の首相秘書官、鈴木終戦内閣の書記官長）ら各方面の事情に精通した近親者がおり、月に一回程度、岡田邸で会食を名目に集まっていた。そのようなわけで、岡田は比較的詳しく戦況を知りえる立場にいた。

昭和十八年に入ると、岡田は戦局の前途に全く悲観的になっていた。岡田は、終戦を推し進めるためには、まず継戦一本槍の東条内閣を倒すことが先決と考えていた。しかし、東条がやすやすと内閣を投げ出すとは到底考えられないうえ、さらに東条強権の下では倒閣運動をやっても成功はおぼつかないと考え、直接的に倒閣工作をするよりも、東条の面子を失わせない方法で、すなわち東条を首相の座から降ろし、参謀総長に転出させるという方法で、しかも宮中方面の意向によって実現させようと考えた。そのためにはなんとしても東条内閣の推薦者であった木戸（幸一）内大臣を動かす必要があった。

木戸幸一

昭和十八年八月八日、岡田は迫水に因果をふくめて木戸の元に行かせたところ、岡田の個人的な意見であれば取り次ぐことはできないが、「世論」が東条に反対であるならば、そのときは天皇に伝えるし、あくまでも東条を支えるつもりはないと、はなはだ意味深長なことを言った。そこで迫水が、「世論とは具体的に何を指すのか」と突っ込んで質してみると、「たとえば重臣一致も一つの世論といえる」とのことだった。

木戸の一言にヒントを得た岡田は、さっそく重臣たちの意見の取りまとめに動くことにした。

昭和十九年二月、米軍はソロモンを越え、マーシャル群島のクエゼリン、ルオット両島を制圧し、二月十七日、米機動部隊は絶対国防圏（マリアナ、カロリン、西ニューギニアの線）の要衝であるトラック島を襲撃した。

このような状況下で、東条は戦争指導体制を強化するため、二月二十一日、首相兼陸相のまま、さらに参謀総長までも兼任することを決意した。これに倣って嶋田海相も軍令部総長を兼任することになった。

首相の職務は平時においても激務である。ましてや戦時下である。東条は軍需相まで兼任していたのであり、四つの需要ポストを抱えていた。こうした過度の権力集中のため、各方面からは「東条幕府」という批判も強く出てくることになった。

（3）嶋田海相更迭を画策

昭和十九年二月二十一日、東条首相兼陸相、嶋田海相は、杉山、永野の両総長を罷免して、現職のまま参謀総長、軍令部総長に就任した。

高木は、二月二十六日、人事局長に呼ばれ、教育局長の内示を受けた（三月一日就任）。

同月二十九日、高木は岡田大将を訪問して嶋田海相の総長兼務、五ヵ月にわたって調査研究した戦訓などを報告し、戦局収拾の急務とその対策について具申した。さらに併せて岡田に対して、海軍内において嶋田のパトロン的存在である伏見宮を説得するように依頼した。

これを受けて岡田は、さっそく三月七日、熱海に滞在中の伏見宮を訪問して、米内大将の現役復帰と海軍の建て直しについての意見を開陳した。当初、岡田としては米内海相・末次総長の腹案で米内の現役復帰をはかりたいと考えていたが、伏見宮の嶋田支持が強いため、米内の軍事参議官就任という線で妥協して説得したのだった。

岡田がこのように東条体制の一角を崩す工作に着手している間にも、戦局の方は悪化の一途をたどった。三月三十日からパラオの日本軍基地が米軍の空襲を受け、艦船十隻以上沈没、さらに飛行機百機以上が爆破された。さらに翌三月三十一日、パラオからフィリピンのダバオに移動中の古賀連合艦隊司令長官の乗った飛行機が低気圧に遭遇して遭難するという重大事故が発生した。古賀長官の死亡とその後任として豊田（副武）横須賀鎮守府長官の就任の秘密情報が高木の元に入ってきたのは、四月八日になってからだった。

昭和十九年四月から五月にかけて、重臣たちの東条打倒工作はしだいに気運が熟してきたかに見えたが、国務と統帥の両方を握り憲兵をもって睨みをきかせている東条・嶋田体制のガードは固く、容易に崩壊しそうになかった。しかしながら戦況の方は古賀長官の戦死に見られるように、日々悪化していった。このような中で海軍部内から、この際、可能性のある現実的工作を考えるべきであるとの声が上がるようになった。それは、当面、東条首相更迭工作は留保して、まず不評の嶋田海相を更迭して米内に替え、総長には末次を据えて、国務と統帥を切り離すことによって、とりあえず海軍だけでも建て直そうとする案だった。

海軍部内には、条約派の流れと艦隊派の流れがあり、米内のみを現役に復帰させたのでは末次派の反発を招くのは目に見えているため、米内とともに末次も現役に復帰させ、長年の両者の対立を宥和させようとするものだった。

五月二十三日、目黒の教育局に迫水参事官が来て、岡田、米内、末次の三大将を会わせる計画と、嶋田海相に対する勇退勧告をする話を持ち込んだ。

五月二十六日午後、高木は久しぶりに永田町の米内の元を訪れた。五、六年前の米内の美丈夫ぶりに比べて、あまりの痩せ様に高木は驚いた。

六月五日午後、高木が岡田を訪ねたところ、去る三日夜、藤山愛一郎宅で、岡田を仲介にして米内・末次会談が行なわれたことの報告があった。

(4) 東条首相暗殺計画

欧州戦線では昭和十九年（一九四四）六月六日、連合軍がノルマンディ上陸作戦を敢行した。一方、太平洋戦局の方では、六月十五日に米軍がサイパン島に上陸を開始し、これにともない六月十九日から二十日にかけて、太平洋戦争の天王山とも言うべきマリアナ沖海戦が展開された。

マリアナ沖海戦は、史上初の機動部隊同士の海戦であったが、日本側の一方的な敗北に終わった。

海軍部内では、マリアナ線を失っては、日本本土、朝鮮南部、フィリピン全島がB29の爆撃圏内に入り、死命を制せられることから、是が非でも奪回すべしと言う意見が圧倒的であった。しかし六月二十四日、大本営は航空掩護兵力の不足のため奪回作戦ができずと判断し、サイパン島の放棄を決定した。

神重徳

サイパン戦前後から、政府統帥部の戦争指導に不満を持つ海軍中堅層の間に、東条政権を倒すための合法的手段を諦め、テロによって倒すしかないという切羽詰まった空気が濃化してきた。

中山（定義）海軍中佐の回想によれば、海軍部内においても大臣室の前には番兵が立つようになったとのことであったし、部下の橋本睦男主計大尉などは、嶋田に対するテロを公然と口にするほどだったという。

教育局一課長の神重徳大佐の如きは、「大臣をやっつければよいだろう！」と放言してはばからなかった。ここに至って、それまで神大佐らの計画に再三ブレーキをかけてきた高木としても、「私の納得できる確実な具体的方法の研究」を命ずることになった。

高木と神が中心となって東条暗殺計画を練った結果、参加者を秘密保持の観点から制服組に限る事とし、数台の自動車を使って東条の車を挟み撃ちにして、拳銃を使って止めをさすことにした。決行日は、七月二十日、木曜日と決まった。毎週火曜と木曜に宮中で閣議が開催されることになっており、その際は通常、東条はオープンカーに乗ってくることから、閣議から官邸に帰る途中を狙うことにした。時間帯も昼前のわずかな幅に限定できた。決行場所は、海軍省の手前の四つ角ということにした。これだと、海軍省の構内に一台、大審院の濠沿いに一台、内務省側に一台待機させ挟み撃ちにできるし、警視庁の前に見張りを置き、東条が乗った車が見えたら合図をさせて車を出し、四つ角にさしかかるところで前と両脇から進路を抑えることができると考えた。

実行後、現場から脱出できた者は、連合艦隊司令部の作戦参謀に就任した神大佐に頼んで、厚木から台湾かフィリピンへ高飛びさせることにした。しかし六月十九日、マリアナ沖海戦にともない部内異動があり、車を動かす同志が転任したため、計画を縮小せざるを得なくなった。またテロ決行日の前日、東条内閣が突然総辞職したため、未遂に終わることになった。

(5) 終戦工作の密命

昭和十九年七月二十日、小磯国昭陸軍大将・米内光政海軍大将に組閣の大命が下り、二十一日、小磯・米内内閣が成立した。米内の懇請を受けて、八月五日、井上成美(海兵校長)が海軍次官に就任した。

その井上の目に映じたものは、絶望的な戦局とそれを直視することなく根本的な対策を講じようとしない海軍部内の雰囲気だった。就任して間もない八月のある日、井上は米内から呼ばれ、天皇から燃料の現状についてのご下問があった旨を告げた。このため井上は、さっそく鍋島（茂明）軍需局長を呼んで、資料作成を命じた。すると鍋島が、「本当のことを書きますか?」と聞いてきた。

「変なことを聞くね。陛下には嘘は申し上げられない。もちろん本当のことさ。でも、なぜそんなことを聞くのかね?」と問うと、鍋島は、「じつは嶋田大臣の時は、いつでもメーキング（粉飾）した資料を作っていましたので……」と言うではないか。

八月二十九日、次官に着任（八月七日）してわずか二十三日目の井上は思い切って大臣室に行き、米内に向かって、「現在の状況はまことにひどい。私の想像以上で、日本は確実に負ける。したがって一日も早く戦を止める工夫をする必要がある。今から内密に終戦の研究をしますので御承知おき下さい。及川軍令部総長には、私から申し上げておきます」と述べ、この終戦研究に高木教育局長を当てたいとし、高木の身分を「海軍省出仕、次官承命服務」としたいとした。

同日、井上は高木を呼んで言った。「事態は最悪のところまで来ている。戦局の後始末を研究しなくてはならんが、現在戦争遂行に打ち込んでいる局長たちに、こんな問題を命ずるわけにはいかない。そこで大臣は君にそれをやってもらいたいとの意向だがどうかね……」

「承りました。ご期待に添えるかどうかわかりませんが、最善を尽くしてみます」

「このことは大臣と総長と私のほかには誰も知らない。部内に洩れてはまずいから、君には病気休養という名目で出仕になってもらうつもりでいる。いいね」

高木は終戦研究のため、教育局長を辞めることになった。高木は九月十日付で「軍令部出仕兼海軍大学校研究部員」の肩書きがあたえられ、海軍大学校研究部を執務場所にした。さらに高木は大臣や次官にも自由に出入りできるように、翌二十年三月、「兼海軍省出仕」の肩書きも追加された。

その後、高木は熱海の藤山愛一郎邸に籠もって、密かに終戦構想を練った。高木は終戦を成就させるための課題として、つぎの項目を上げた。

①陸軍をどうやって終戦に同意させるか。

②国体護持の危惧と連合国側の降伏条件とをいかにして調節するか。

③民心の不安と動揺をいかにして防止するか。

④天皇の決意を固めるために、海軍はじめ各方面に密かに胎動している和平運動を、いかにして連絡統合して宮中に伝えるか。

結論として高木は、陸軍の中堅層の把握と宮中工作がもっとも重要であるとした。

昭和二十年三月十三日、高木は「中間報告書」を作成し、米内海相に提出した。つづいて高木は、五月十五日に「研究対策」、六月二十八日に「時局収拾対策」と題した終戦研究の報告書を米内海相に提出した。

高木の報告書の骨子は、沖縄作戦が終わったら早急に和平に移るべきだとしている。それには、陸海首脳の相互の了解が一致すれば理想的であるが、陸軍の動向を事実上左右するのは中堅以下であるから、この層との準備工作が必要であることや、最高戦争指導会議の意見の一致と部下の統制をあげている。しかし、もし意見の一致ができず、政府においても意見が分裂するような場合には、内大臣の決意が上意を決する絶対条件となるから、内大臣を味方に引き入れ、錦の御旗を手にすることが和平達成の決め手になるとしている。

なお、国策転換の梃子(てこ)として海軍の独立的存在は絶対に重要であるから、艦艇や航空機の消耗がいかに多大であっても国軍の一元化には同意せず、海上艦艇の使用すべきものを失ったとしても、乗員と兵器を陸上に移し、装備の優秀なる海兵部隊を創設すべきであるとした。なお予想される連合国側の対日降伏条件として十六項目挙げたが、農地解放、財閥解体、共産主義者の釈放、大企業の分割などは、高木にその方面の知識がなかったため、予測から洩れた。

高木の報告書は、単に米内海相一人に対する報告書にとどまらず、終戦を望む重臣や木戸内府にも松平秘書官長を通して影響していた。それは六月八日の木戸の「時局収拾対策試案」が、高木の報告書と同じ趣旨であることからも証明できた。

(6) 終戦へのシナリオライター

昭和二十年四月五日、小磯首相は、政戦両面の指導体制強化をはかるため陸相兼任を要求したが、陸軍側がこれを拒否した。このため小磯は、三月の対支和平に関する繆斌（みょうひん）工作の失敗とも合わせて政権維持に自信を失い総辞職した。

四月七日、鈴木貫太郎内閣が、鈴木首相、東郷（茂徳）外相（四月九日就任）、阿南（惟幾）陸相、米内海相、梅津参謀総長、及川軍令部総長の陣容をもって成立した。

六月八日、木戸内大臣は、「わが国国力の研究を見るに、あらゆる面より見て、本年下半期以後において戦争遂行の能力を事実上喪失すると思わしむ。……以上の観点よりして、戦争の収拾につきこの際果断なる手を打つことは、今日わが国における至上の要請なりと信ず」とし、終戦を謳った「時局収拾対策試案」を作成した。

六月十四日、高木が海軍省の焼け残りの裏の庁舎に米内海相を訪ねて最近数日間の動向を報告し、目黒の海大校舎へ帰りかけようとした時、突然、耳の近くで声がした。

「大変らしいが、どうだ元気かね、タカキ君！」

高木が驚いて視線を向けると、そこには山梨大将の温顔があった。山梨は高木を呼ぶ時は、決まって「タカギ」と呼ばずに「タカキ」と濁さずに呼んだ。

山梨は静かな声で、「君、中国の詩人はじつにいいことを詠っているよ。野火焼いて尽きず。春風吹いてまた生ず。あせっちゃいかんね。手っ取り早くなんて考えない方がいいよ。春風吹いてまた生ず、よい句だね」と、白楽天の詩を口ずさんだ。

六月二十二日午後三時、天皇は最高戦争指導会議構成員の六名を招集した。天皇より、戦争完遂を謳った六月八日の御前会議の決定にとらわれることなく、時局収拾方についても考慮する必要があろうと思うが如何かとの御下問があった。

鈴木首相はあくまで戦争完遂に努めるのは勿論であるが、外交工作が必要であると答えた。次いで米内海相は対ソ交渉の概略について説明すると、天皇は時期を逸してはならないと述べられた。

七月十一日と十二日の両日、鈴木首相、木戸内府、東郷外相の間で対ソ交渉について協議が行なわれた結果、特使として近衛文麿公を当てることを内定した。

七月十四日夜、近衛公の連絡係として側近の一人の富田（健治）が高木の元を訪ねてきて、対ソ特使の随員として、伊藤述史（元ポーランド公使、内閣情報局総裁）、陸軍は小野寺信（スウェーデン公使館付武官、陸軍少将）、岡本清福（スイス公使館付武官、陸軍中将）、松谷誠大佐（首相秘書官）のうち一名、海軍は高木とし、信任式後、満州を通過した後で発表するとし、すべては御親政をもって断行せんとするのが木戸の考えであると伝えてきた。

七月二十六日、わが国の無条件降伏を迫る米英華三国の対日共同宣言（ポツダム宣言）が発表された。そして八月八日、ソ連はわが国に対して、「明八月九日よりソ連は日本と戦争状態に入る」旨を宣言した。

（7）高木惣吉の生い立ち

高木惣吉は、日清戦争の前年の明治二十六年（一八九三）十一月十日、熊本県球磨郡西瀬村大字西浦（現在の熊本県人吉市矢黒町）で生まれた。父鶴吉二十七歳、母サヨ二十六歳であった。生家は、昭和四十年の球磨川決壊のため荒地になってしまった球磨川河畔にあった。父の鶴吉は小作兼山番を生業としていた。

極貧の家庭であるにもかかわらず惣吉は学業に優れ、尋常小学校卒業後は高等小学校に入り、ここを卒業すると、明治四十年三月、鉄道院の肥薩線建設事務所の事務雇員になった。

明治四十三年五月、惣吉少年は家の板戸に「期大成」と書いて出郷した。目的は購読していた通信講義録に、三年間購読した成績優秀者には米国留学の特典があるとの宣伝文句を信じたからであった。しかし、上京してみるとまんまと一杯食わされたことがわかった。仕方なく、神田の製本屋の住み込みとなった後、慈善団体の日本力行会の世話になって幸運にも東京帝国大学教授・東京天文台長寺尾寿博博士邸の書生になることができ、夜は東京物理学校の夜間部に通わせてもらった。

明治四十五年七月、惣吉は海軍兵学校の入学試験を受けて見事合格した。惣吉が海兵を志願したのは、海軍士官に強い憧れを抱いたからではなく、焼酎の飲みすぎで病床に身を置く父親とその介護の母という苦しい家計を少しでも助けたかったからだった。学費を必要とせず、実力さえあれば将来の立身出世が保証された。また海兵の試験は原則として中学校経由を受験資格としていたが、独学の恵まれない青年にも門を開いていた。

大正元年九月、十九歳の惣吉は海兵に入学した。

せっかく海兵に入校したものの、一号生徒（三年生）の鉄拳制裁やスパルタ教育、兵器の機構と作動の丸暗記に馴染めず、大正四年十二月、三年三ヵ月の教程を終わって卒業式を迎えた時の成績は、四十三期九十四名中二十七番であった。

(8) 結婚と海大入学

惣吉は水雷学校の普通科教程を終え、舞鶴海兵団勤務の後、一年航海科高等科学生に合格、卒業後は第二艦隊第二水雷戦隊の一等駆逐艦帆風の航海長に任命された。卒業の年の大正十一年十二月、惣吉は二十九歳の時、海兵同期中六十四番目で結婚した。

妻の静江は、昭和四十年八月二十日、享年六十六歳で亡くなったが、それから二年経った昭和四十二年七月、『山茶花の夢——高木静江闘病記』と題する私家版を作った。その「あとがき」に、高木はつぎのように書いた。

「金婚式まであと七年になって妻と今生のお別れになってしまった。青春時代趣味も娯楽も振り捨てて、独学から海兵入校に専念した私は、四十三年の家庭生活を、全く妻の手引きのお陰で世間並みの社会生活が出来たといっても少しも誇張ではない。赤貧に育って快活さを失い、経済的観念に乏しく、無口で考え込んでいる私は、のびのびと社交的な娘時代を送った妻にとって、さぞかし陰気くさい夫だったに違いないと思う。ただ取り柄を探せば、見合い結婚ながら、心の底から静江を敬愛していたという点ぐらいかも知れぬ」

海軍士官にとっては、海兵の卒業成績順位、俗にハンモックナンバーといわれるものが、出世に大きく影響する。海兵を六十四番で卒業した高木がなぜ日本海軍のエリートになることができたかといえば、それは高木が一念発起して海軍大学校に合格し、しかも首席で卒業したからであった。ハンモックナンバーの四、五番と海大の成績が優秀だった者には、海外駐在や留学の機会があたえられ、将来が大きく開けることになる。

大正十四年十二月、高木は第二十五期海大に入校した。合格者は二十名で、海兵四十一期から四名、四十二期から九名、四十三期から高木をふくめて五名、四十四期から二名であった。それまでの暗記本位の講義に失望していた高木は、海大に来てはじめて講義らしい講義に出会い、心底勉強をする気になった。

昭和二年十二月一日、高木は海大を卒業し、翌三年一月、フランス駐在となった。ちなみに海大卒業式の列席者は、天皇、岡田啓介海相、鈴木貫太郎軍令部長などであったが、それから十八年経つと高木は終戦の黒子役として奔走することになる。

昭和四年十二月一日、高木の元に帰朝命令がとどいた。十二月十四日にパリを発った高木は、シベリア鉄道を経由して、昭和五年一月三日、東京駅に着いた。東京で待っていた仕事は、この年一月二十一日から開催されたロンドン海軍軍縮会議のために設けられた軍務局別室勤務であった。室長は下村正助大佐（海大時代の軍政教官）であり、海相の財部は全権としてロンドンに行っており留守、次官は山梨中将、軍務局長は堀少将で、パリで高木がさんざん痛めつけられたやかまし屋の古賀大佐が官房首席副官だった。

ロンドン軍縮会議は、四月二十二日に終幕になった。六月に高木は古賀大佐の下で海軍省副官兼大臣秘書官となり、その後、財部、安保（清種）、大角の三海相、次官も山梨、小林（躋造）、左近司の三中将に仕えた。終戦工作において高木が縦横の人脈を活用できた人間関係の基礎は、この秘書官時代に培われた。

ところが昭和七年二月十八日、高木は前年暮れから風邪気味だったにもかかわらず無理をして勤務していたところ喀血してしまった。診断の結果、右肺尖炎と診断され二ヵ年の静養を言い渡された。

後任に官舎を明け渡し、転地先に茅ヶ崎に借家を見つけ、三月十六日、いよいよ都落ちすることになり、生後一歳二ヵ月の長男成（あきら）を抱いた静子と付き添ってくれた姑の四人で新橋駅のホームで下り列車を待っていると、横須賀線の上りで降り立った背広姿の海大教官の井上成美大佐とバッタリ顔を合わせた。高木が井上をはじめて知ったのは、井上がイタリア大使館付武官当時（昭和二年十一月〜四年八月）、パリに立ち寄ったときであった。井上はやつれた高木の姿を見て、心から同情の色を浮かべて、「その病気はね、豆腐を固めるようにそっと大事に養生してさえおれば大丈夫だから、くれぐれも功をあせらず自重したまえ」と、自分の弟にでも諭すように真心のこもった言葉をかけてくれた。

それから十二年後、井上次官の下で高木が終戦工作に走るようになろうとは、予想だにしないことであった。

高木は海大の首席卒業とフランス駐在で、海軍の出世コースにせっかく乗ったと思った矢先、中佐に進級直前になって病に倒れ休職となってしまった。

幸いにも肺尖炎の回復が早く、一年九ヵ月ほど経った昭和八年四月から、横須賀鎮守府の窓際的仕事に復職することができた。同年十一月、遅れていた中佐への進級も実現して、軍政担当の海大教官に任命された。

こうして高木は、昭和八年から二十年の終戦までの十二年間、一年五ヵ月を舞鶴鎮守府に勤務しただけで、海軍省に七年三ヵ月、海大に三年一ヵ月と勤務することになった。

昭和二十年八月一日、高木が、終戦間際のこの時期に戦争終結の際に必要になるであろう詔勅や声明文に役立てるため、伏下哲夫、矢部貞治、天川勇の三氏に起案をもとめた文書がある。しかしながらこの報告書は、最終的検討に至らぬうちに、八月六日、広島に原爆が投下されたため、伏下主計大佐の机の引き出しに埋もれることになったが、それにはつぎのように書かれていた。

「大東亜戦争は何が故に現状の如き危急存亡の秋を招来せる哉。皇国三千年の光輝ある歴史、吾等が世代に至りて滅亡せんとする危急、今日に迫る。吾等この敗戦の理由、必ずしも彼我戦力の差のみによるものとは断じて信ずる能はず。吾は尚、十分の力を発揮しあらずと皆人の謂ふ。何故に全力発揮し得ざるや。何故に総力戦の真の体制を整備しあらざるや。茲に戦争指導に対する痛烈なる反省の必要なる所以なり。想ふに、戦局の現状を招来せし諸原因は多々存すべし。只其の根底を貫きて流るるもの、総力戦の認識並びに戦争努力の不足に外ならず。それが現象化しては『政治力貧困』を、或ひは国民の上下を覆ふ道義頽廃を招来するにあらず哉」

このタイプ印刷された文書に走り書きしたメモには、つぎの如くあった。

「稿成りて印刷に付するの日、原子爆弾広島に投下せられ（六日）、ソ連参戦すとの報を聴く。ああ天遂に吾に与せず。事茲に至りては戦勝の夢微塵に粉砕せらる。もとよりソ連参戦、原子爆弾が敗戦の決定的なる契機とは謂へ、上に縷述せるところ、すべて究極的なる敗戦の理由に外ならず。依って茲にこれを『敗戦の書』と名付く。希は招来の日本、よく大東亜戦争の敗戦を探求して、以って皇国永遠の発展の礎石たらしめんことを」

この『敗戦の書』を読みながら私の眼に浮かぶのは、高木の郷里の天守閣なき人吉の城跡である。日本国民の大半が「鬼畜米英」と「一億玉砕」の必勝信念で凝り固まっていた中で、戦いを終結に導いて祖国を救おうと心血を注いだ海軍軍人、それが高木であった。

高木は井上成美の葬儀の後、肺炎に罹り入院し、昭和五十四年七月二十七日、茅ケ崎の自宅で亡くなった。八十五歳であった。高木の墓は駆け込み寺として知られる鎌倉の東慶寺にある。

あとがき

このたび拙著『海軍良識派の研究』が光人社から刊行されることは、筆者の大きな喜びとするところである。

拙著の目的は、「良識派」の人物の系譜を辿ることによって、日本海軍の歴史と誤謬を、一般読者に理解してもらうことにある。

近代日本海軍は、山本権兵衛の手によってその機構が整備され、彼の後継の斎藤実によって大海軍建設が推進された。

第一次世界大戦後に開かれたワシントン海軍軍縮会議において、一九二二年（大正十一）二月、加藤友三郎の主導によって、米・英・日の主力艦の海軍比率を五：五：三にすることで妥協がはかられ、世界の海洋分割とそれぞれの勢力圏が確定した。

このことは、一九三〇年（昭和五）一月からはじまった補助艦の制限を目的とするロンドン海軍軍縮会議で米英日の三国間の関係は一層強固になるはずであった。しかし、こうした妥協はわが国防上の安全を阻害すると考える、いわゆる「艦隊派」からの強い突き上げにあい、山梨勝之進、堀悌吉といった将来の日本海軍を背負って立つべき有能な将官が政治的犠牲になってしまった。

一九三七年（昭和十二）から一九三九年（昭和十四）八月までの二年半、米内光政・山本五十六・井上成美の海軍良識派トリオが懸命に建て直しをはかったが果たすことができず、結局、彼らが海軍省から去ると、海軍は「艦隊派」の天下となった。良識派は太平洋戦争の開戦を阻止できなかったが、敗戦が必至の状況になると、高木惣吉、井上成美、米内光政、そして岡田啓介が重臣として裏面で動き、一九四五年（昭和二十）四月、二・二六事件で奇跡的に命が助かった鈴木貫太郎海軍大将が首相になるにおよび、ようやく終戦に漕ぎ着けることができたのであった。

二〇一一年九月

工藤美知尋

参考文献＊「戦争と人物・指揮と参謀」潮書房＊「歴史と旅　米内光政と山本五十六」秋田書店＊「歴史と旅連合艦隊のリーダー総覧」秋田書店＊池田清「日本の海軍」（全2冊）至誠堂＊池田清「海軍と日本」中公新書＊池田清「海軍と日本」中公新書＊伊藤金次郎「陸海軍人国記」芙蓉書房＊伊藤隆「昭和初期政治史研究―ロンドン海軍条約問題をめぐる諸政治集団の拮抗と提携」東京大学出版会＊生出寿「不戦海相　米内光政」徳間書店＊大井篤「海上護衛参謀の回想」原書房＊小笠原長生「東郷平八郎伝」平凡社＊岡田大将記念編纂委員会「岡田啓介」「岡田啓介回顧録」毎日新聞社＊緒方竹虎「一軍人の生涯」光和堂＊岡田貞寛「岡田啓介回顧録」毎日新聞社＊岡田益吉「軍閥と重臣」読売新聞社＊岡村幸策「ワシントン会議」（神川先生還暦記念・近代日本外交史の研究）＊加藤寛治大将伝記編纂会「加藤寛治大将伝」＊加藤元帥伝記編纂委員会「元帥加藤友三郎伝」＊加野厚志「反骨の海軍大将　井上成美」PHP＊鎌田芳郎「海軍兵学校物語」原書房＊神川武利「米内光政」PHP文庫＊上坂紀夫「岡田啓介の生涯」東京新聞出版局＊工藤美知尋「日本海軍と太平洋戦争」（上下）南窓社＊工藤美知尋「日本海軍の歴史がよく分かる本」PHP文庫＊工藤美知尋「東条英機暗殺計画」光人社NF文庫＊工藤美知尋「海軍大将加藤友三郎と軍縮時代」光人社NF文庫＊小林龍夫・島田俊彦「現代史資料（7）満州事変」みすず書房＊小堀圭一郎「宰相　鈴木貫太郎」文藝春秋＊財団法人斎藤子爵記念会「子爵・斎藤実伝」＊佐藤鉄太郎「帝国国防史論」原書房＊実松譲「ああ日本海軍」（全2冊）光人社＊実松譲「大海軍惜別記」光人社＊実松譲「わが海軍・わが提督」「海軍大学教育」光人社＊実松譲編「現代史資料（34）（35）（36）太平洋戦争（1）（2）（3）」原書房＊鈴木一「鈴木貫太郎自伝」時事通信社＊鈴木貫太郎「鈴木貫太郎自伝」桜菊出版部＊高木惣吉「私観太平洋戦争」「連合艦隊始末記」文藝春秋＊高木惣吉「山本五十六と米内光政」文藝春秋＊高木惣吉「自伝的日本海軍始末記」光人社＊高木惣吉「太平洋戦争海戦史」岩波新書＊高橋文彦「海軍一軍人の生涯」光人社＊高宮太平「米内光政」時事通信社＊田中航「戦艦の世紀」毎日新聞社＊田中宏巳「山本五十六」吉川弘文館＊千早正隆「連合艦隊始末記」出版協同社＊千早正隆

「日本海軍の功罪」プレジデント社＊豊田穣「最後の重臣　岡田啓介」光人社＊豊田副武「最後の帝国海軍」世界の日本社＊成瀬恭「歪められた国防方針」サイマル出版社＊新名丈夫「海軍戦争検討会議記録」毎日新聞社＊日本国際政治学会編「太平洋戦争への道（別表）資料編」朝日新聞社＊野村実「歴史のなかの日本海軍」原書房＊野村実「太平洋戦争と日本軍部の研究」山川出版社＊野村実「天皇・伏見宮と日本海軍」文藝春秋＊野村実「日本海海戦の真実」講談社新書＊橋口収「饒舌と寡黙」サイマル出版会＊長谷川慶太郎（近代戦史研究会）「日本近代と戦争」（全7巻）ＰＨＰ＊半藤一利「山本五十六」平凡社＊平川祐弘「平和の海と戦いの海」講談社学術文庫＊福井静夫「日本の軍艦」出版協同社＊藤岡泰周「海軍少将　高木惣吉」光人社＊防衛庁防衛研修所「戦史叢書」（全120冊）朝雲新聞社＊防衛庁防衛研修所「大本営海軍部・連合艦隊」（1）朝雲新聞社＊防衛庁防衛研修所「大本営海軍部・大東亜戦争開戦経緯（1）～（2）」朝雲新聞社＊保科善四郎「大東亜戦争秘史」原書房＊堀悌吉君追悼編纂会「堀悌吉追悼録」＊松下芳男「近代日本軍人伝」柏書房＊宮野澄「不遇の提督　堀悌吉」光人社＊山梨勝之進「歴史と名将―戦史に見るリーダーシップの条件」毎日新聞社＊山本伯伝記編纂会編「伯爵山本権兵衛伝」（全2冊）原書房＊吉田俊雄「栄光と悲劇・連合艦隊」秋田書房＊吉田俊雄「海軍参謀」文藝春秋＊吉田俊雄・千早正隆ほか「日本海軍の名将と名参謀」新人物往来社

ＮＦ文庫書き下ろし作品

ＮＦ文庫

海軍良識派の研究　新装版

二〇二三年八月二十日　第一刷発行

著　者　工藤美知尋

発行者　赤堀正卓

発行所　株式会社　潮書房光人新社

〒100-8077　東京都千代田区大手町一-七-二

電話／〇三-六二八一-九八九一(代)

印刷・製本　中央精版印刷株式会社

定価はカバーに表示してあります
乱丁・落丁のものはお取りかえ
致します。本文は中性紙を使用

ISBN978-4-7698-3324-6　C0195
http://www.kojinsha.co.jp

NF文庫

刊行のことば

第二次世界大戦の戦火が熄んで五〇年――その間、小社は夥しい数の戦争の記録を渉猟し、発掘し、常に公正なる立場を貫いて書誌とし、大方の絶讃を博して今日に及ぶが、その源は、散華された世代への熱き思い入れであり、同時に、その記録を誌して平和の礎とし、後世に伝えんとするにある。

小社の出版物は、戦記、伝記、文学、エッセイ、写真集、その他、すでに一、〇〇〇点を越え、加えて戦後五〇年になんなんとするを契機として、「光人社NF（ノンフィクション）文庫」を創刊して、読者諸賢の熱烈要望におこたえする次第である。人生のバイブルとして、心弱きときの活性の糧として、散華の世代からの感動の肉声に、あなたもぜひ、耳を傾けて下さい。

＊潮書房光人新社が贈る勇気と感動を伝える人生のバイブル＊

NF文庫

ノモンハン事件の128日

星　亮一

近代的ソ連戦車部隊に〝肉弾〟をもって対抗せざるを得なかった第一線の兵士たち——四ヵ月にわたる過酷なる戦いを検証する。

新装解説版　軍艦メカ開発物語　海軍技術かく戦えり

深田正雄

海軍技術中佐が描く兵器兵装の発達。戦後復興の基盤を成した技術力の源と海軍兵器発展のプロセスを捉える。解説／大内建二。

新装版　戦時用語の基礎知識

北村恒信

兵役、赤紙、撃ちてし止まん……時間の風化と経済優先の戦後に置き去りにされた忘れてはいけない〝昭和の一〇〇語〟を集大成。

米軍に暴かれた日本軍機の最高機密

野原　茂

連合軍に接収された日本機は、航空技術情報隊によって、いかに徹底調査されたのか。写真四一〇枚、図面一一〇枚と共に綴る。

小銃 拳銃 機関銃入門　幕末・明治・大正篇

佐山二郎

ゲベール銃、エンフィールド銃、村田銃…積みかさねられた経験によって発展をとげた銃器類。四〇〇点の図版で全体像を探る。

新装解説版　サイパン戦車戦　戦車第九連隊の玉砕

下田四郎

満州の過酷な訓練に耐え、南方に転戦、九七式中戦車を駆って死闘を演じた最強関東軍戦車隊一兵士の証言。解説／藤井非三四。

＊潮書房光人新社が贈る勇気と感動を伝える人生のバイブル＊

NF文庫

日本陸軍史上最も無謀な戦い　インパール作戦 失敗の構図
久山 忍
前線指揮官が皆反対した作戦はなぜ行なわれたのか。司令部の無能さゆえ補給なき戦場で三万の将兵が命を落とした敗北の実相。

新装解説版 連合艦隊の栄光　太平洋海戦史
伊藤正徳
比類なき大海軍記者が綴る感動の太平洋海戦史。情熱の全てをかけて描く〝伊藤戦史〟の掉尾を飾る不朽の名著。解説／戸高一成。

新装版 長沙作戦　緒戦の栄光に隠された敗北
佐々木春隆
昭和十六年十二月、太平洋戦争開戦とともに香港要塞攻略のため発動された長沙作戦の補給なき苛酷な実態を若き将校がえがく。

航空戦クライマックスII
三野正洋
マリアナ沖海戦、ベトナム戦争など、第二次大戦から現代まで、迫力の空戦シーンを紹介。写真とCGを組み合わせて再現する。

連合艦隊大海戦　太平洋戦争12大海戦
菊池征男
艦隊激突！ 真珠湾攻撃作戦からミッドウェー、マリアナ沖、戦艦「大和」の最期まで、世界海戦史に残る海空戦のすべてを描く。

新装解説版 鉄の棺　最後の日本潜水艦
齋藤 寛
伊五十六潜に赴任した若き軍医中尉が、深度百メートルで体験した五十時間におよぶ死闘を描く。印象／幸田文・解説／早坂隆。